大砲からみた幕末・明治

近代化と鋳造技術

中江秀雄

法政大学出版局

大砲からみた幕末・明治——近代化と鋳造技術◉目次

大砲からみた幕末・明治

日刀保（にっとうほ）たたらで炉を取り壊しての鉧取出し作業

たたらは日本古来の製鉄法。われわれの祖先が営々として築き上げた日本独自の製鉄法で，千年以上の歴史をもつ。たたら操業には日本刀などの鋼を造る鉧押（けらお）しと，鉄鋳物の原料である銑鉄を造る銑（ずく）押しがある。

この写真のたたらは日刀保たたらで，現代の刀工にその原料である玉鋼を供給することを目的に操業されている。したがって，もちろん，鉧押しである。鉧押しでは三日三晩操業した後にたたら炉を取り壊して，その中から鉧を取出す。まさに，その炉の取り壊しの瞬間の写真がこれである。

1 はじめに

今から十数年前、筆者は東京都練馬区から板橋区徳丸のマンションに引っ越してきた。そのわが家から歩いて二十分のところに、松月院がある。松月院とは、一四九二（延徳四）年に千葉自胤が寺領を寄進して中興した寺、と伝えられている。曹洞宗寺院で、江戸時代は将軍家から寺領四十石を与えられていた、由緒ある朱印寺であった。境内には一八四一（天保十二）年に、幕命により徳丸ヶ原（現在の東京都板橋区高島平）で西洋式砲術の調練を行った**高島秋帆**の顕彰碑がある。当時、高島が松月院に西洋式砲術の本陣を置いたことから、一九二二（大正十一）年に陸軍が高島を顕彰し、**図1・1**に示した碑を建立したのである。

顕彰碑は一八五七（安政四）年に鋳造された青銅製二四斤加農砲（きんカノン）を碑心に、火焔砲弾四発を配したものである。この碑は加農砲を大理石製の台座に載せた特異な形をとっており、砲術に長けた高島秋帆を象徴するもので、総高は六メートルもある。砲には「**火技中興洋兵開祖**」という文

図1·1　松月院にある高島秋帆の顕彰碑

字が鋳出しで刻まれている。正確には、文字は陸軍が大正十一年十二月の顕彰碑建立に合わせて、川口の鋳物師・増田安治郎（安次郎とも表記する）に注文して作成させた碑文銘を貼りつけたものである。いずれにしても、高島秋帆がわが国大砲の祖であることを示す、誠に印象に残る顕彰碑である。

高島秋帆は、長崎の名門町年寄家の三男として生まれた。長じて高島家を継ぎ、長崎・佐賀で西洋文明に触れ、その文明好きな彼の性格が人生に花を添えた一方で、晩年は悲運の中に置かれた。しかし今日の評価では、むしろ幕末・明治維新の動乱期に西洋技術をわが国に紹介した、時代の先駆けをなす人物群の一角としての地歩を築きつつある。

高島秋帆は一八三五（天保六）年の佐賀での大砲鋳造や、一八四一（天保十二）年徳丸ヶ原での洋式調練（図1・2）を通じて、わが国砲術の祖と呼ばれる。伊豆韮山の江川太郎左衛門や、幕臣で西洋砲術家であった下曽根信敦も彼の弟子にあたる。高島は彼らに洋式砲術を伝授し、これはさらにその門人へと広まり、高島流砲術と呼ばれるようになった。現在の高島平（旧：徳丸

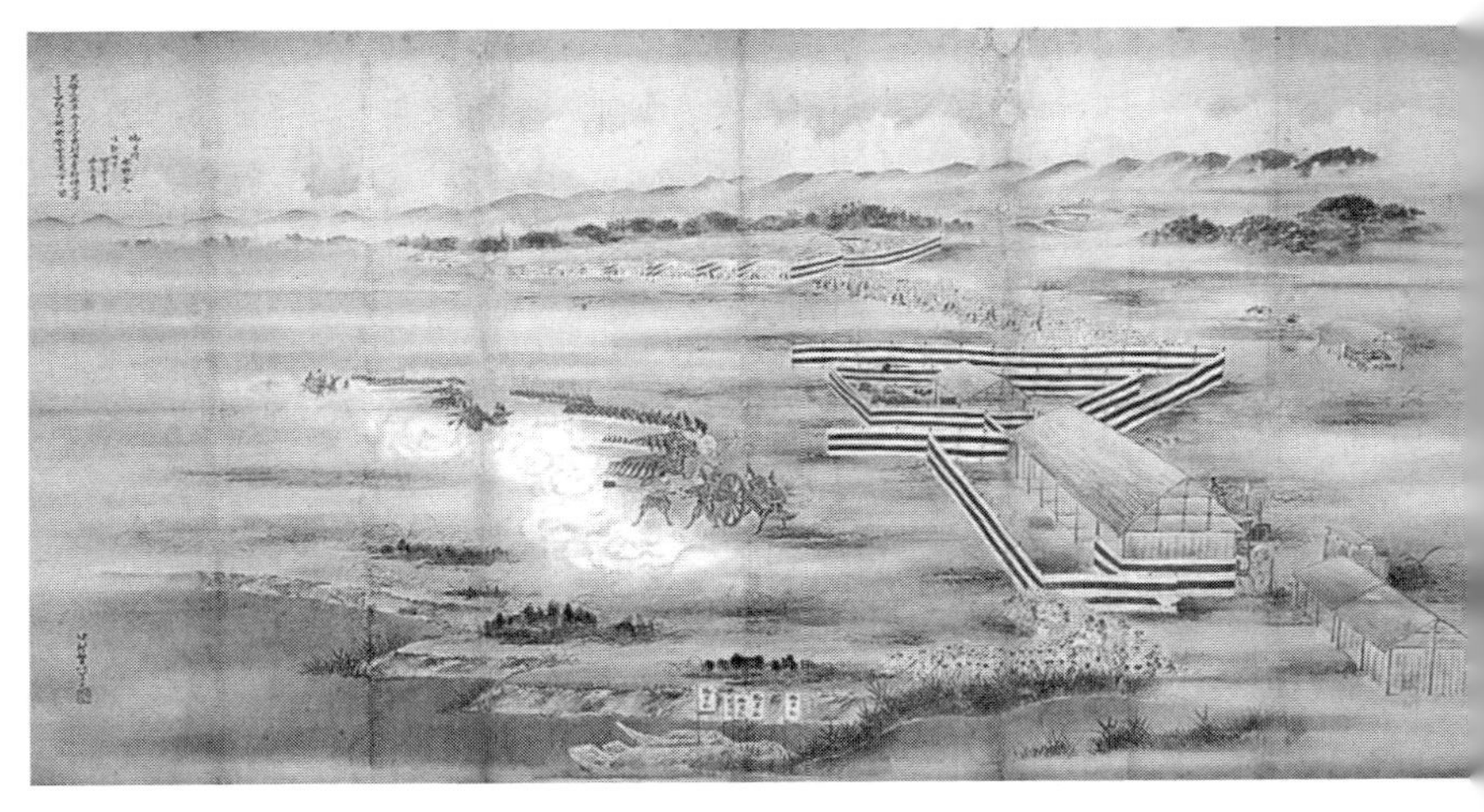

図1·2　高島四郎太夫砲術稽古業見分之図
（板橋区立郷土資料館）

原）の名称も高島秋帆の調練に由来している。

　徳川幕府は、一八五三（嘉永六）年のペリー来航の情報や、当時の西洋情勢を長崎のオランダ商館から事前に得ており、東南アジアの実情、例えば一八四〇年のアヘン戦争によって香港がイギリス領となったことなどの情報も承知していた。このような情勢から、国防に危機感を抱いた幕府は、図1・2に示したような砲術の軍事演習を行ったのである。図では、演習する兵たちの手前側と後方に大勢の幕臣が見学している様子が描かれている。さらに幕府はこの頃、韮山の反射炉の建設も行った。筆者の見立てによれば、まさしく「大砲は国家なり」ともいうべき時代の幕が切って落とされたのである。

　この時代の出来事を詳細に記すと、一八五〇（嘉永三）年に佐賀藩主鍋島直正が日本初の実証反射炉を建設し、洋式大砲の鋳造を始めている。佐賀藩からの技術支援を受け、江川英敏（通称は江川太郎左衛門）は一八五三（嘉永六）年に伊豆韮山に反射炉を設置した。さらに、一八五七（安政四）年には幕府の命により、水戸藩の徳川斉昭が反射炉二基を水戸藩営大砲鋳造所に完成させ、長崎では造船所と鋳造工場（現在の三菱重工）を建設している。このように、幕府は国防の準備を進めていたのだが、十分ではなかった。詳細な事情は今津浩一の『ペリー提督の機密報告書』に詳しい。

ペリー艦隊は大砲の威力にものを言わせて江戸湾を自由に航行し、江戸湾の深さの測量を行い、次の来航の準備をしていた。また、帰国後一八五六年に *Perry Expedition to Japan* を出版している。これは、ペリー来航がアメリカ国家を挙げての事業であったことを示している。この本の中には、一八五四年三月二十七日（二度目の来航）付のヴィルヘルム・ハイネの絵で、ペリーが幕府の要人たちを艦船ポーハタン号に招き入れ、巨大な大砲の周りでディナーを共にしている絵（図1・3）が掲載されている。このように大きな大砲でいつ何時でも江戸を攻撃できるのだ、と威嚇したのである。

ペリー来航はアメリカでは日本遠征と言われてきたが、これに関する記事は『ニューヨークタイムズ』に一八五一年から掲載されはじめ、翌年には六一回、その次の年には四一回、一八五八年にも七回掲載された、と今津は報告している。第一回の掲載記事は第四一号で、『ニューヨークタイムズ』が創刊されてから間近の記事であった。これらの掲載回数からは、いかに国を挙げ

図 1·3　幕府の要人を招いた戦艦上でのディナー
（板橋区立郷土資料館）

艦船名（建造年）	艦種	積載トン	炸裂弾砲口径砲		実弾砲重量砲		合計
			8in 砲	10in 砲	32Ib 砲	64Ib 砲	
サスケハナ（1850）	蒸気外車式フリゲート	2450	6 門			3 門	9 門
ミシシッピ（1841）	蒸気外車式フリゲート	1692	8 門	2 門			10 門
サラトガ（1843）	帆走スループ	882	4 門		18 門		22 門
プリマス（1844）	帆走スループ	989	4 門	2 門	18 門	3 門	22 門

in：インチ，Ib：ポンド

表 1·1　ペリー艦隊の戦力（第 1 回目の来航時：1853 年）
（今津，元綱による）

ての大事業であったかが窺い知れて、興味深い。

それではペリー艦隊は、どの程度の大砲を積んでいたのであろうか。これを今津と元綱の著書を参考に取りまとめて表1・1に示す。口径八インチの炸裂弾砲はペキサンス砲で、当時の大型砲に属する。ペキサンス砲は、爆弾（爆薬を内蔵した砲弾）を発射できるカノン砲のことである。この砲は鉄球の実弾であれば六四ポンド（二九キログラム）を発射できた。六四ポンド実弾砲はペリー艦隊の主砲とされている。これらの大砲を合計すると、六十三門になる。この辺の数値は、今津が *Bluejackets with Perry in Japan* を引用して記述している。

ちなみに、当時江戸湾の最大の砲台であった千代ヶ崎台場には、五貫目（一九キログラム）以上の砲弾を発射できる青銅製大砲は五門しかなかった。しかもこれらは火薬を装填していない実体弾しか撃てず、ペリー艦隊にまったく太刀打ちできなかった、と今津は分析している。その結果、幕府は開国に至らざるを得なかったのである。

話は少し飛躍するが、幕末から明治にかけての鋳物の歴史は、大砲と軍艦に始まったといっても過言ではない。一八五三年の黒船の来襲で衝撃を受けた幕府は海防の必要性を悟り、軍艦や大砲、銃の輸入を行うと同時に、みずから浦賀に造船所を建設し、同年、水戸藩に命じて石川島造船所（現在のＩＨＩ）を隅田川の河口石川島に開設させた。浦賀で建造されたのが図1・4に示したわが国最初の洋式軍艦「鳳凰丸」で、翌安政元（一八五四）年に出来上がっている。いかに急いで建造したかがわかる。

図1·4　洋式軍艦「鳳凰丸」
（石川和夫蔵：香川県立博物館）

そしてさらに、幕府は一八五五（安政二）年に長崎に海軍伝習所と艦船造修工場を創設する計画を立てた。この艦船造修工場は、長崎溶鉄所（正しくは鎔鉄所）と名付けられ、鎔鉄所は一八六〇（万延元）年に上棟式を行い、長崎製鐵所と改称された。当時の工場は鍛冶場、工作場、鎔鉄場（鋳物工場）の三工場からなり、二五馬力の原動機、溶鉄炉十二基、工作機二十台を備えており、かなりの規模の工場であった。しかし、事業はあまり振るわず、明治維新までに数隻の船舶を建造したに過ぎなかったという。そして、一八七一（明治四）年に工部省の管轄となり、明治十七年に三菱会社長崎造船所となる。詳細は第七章と第九章で記述する。

さらに、徳川幕府は石川島造船所を拡充することを決め、一八六五（元治二）年には横浜製鉄所が完成した。そして横須賀には、横須賀製鉄所も建設している。これらの工場には、米国やオランダなどから輸入した工作機械が据え付けられた。

一方、反射炉で鋳鉄製の大砲の鋳造がうまくいかない原因が銑鉄にあると考えた大島高任——「近代製鉄の父」とよばれる——は、南部に高炉の建設を行った。これが、八幡製鉄の創立へとつながっていく。日本も、「鉄は国家なり」の時代に突入したのである。

筆者がこのように、幕末から明治の技術史を鋳造という側面からみる執筆を始めた動機は、二〇一三年三月に国立科学博物館から刊行した『鉄鋳物の技術系統化調査』によるところが大きい。これは江戸末期から現代に至る鉄鋳物の歴史を取りまとめたもので、国立科学博物館の依頼で調査・執筆したものである。筆者はこの報告書の作成で、江戸時代末期の新しい鋳造技術の導入が、わが国の産業革命（近代化）のきっかけとなったことにあらためて気付かされた。すなわち、幕末から明治にかけてのわが国の近代技術の発展に、鋳鉄製大砲や鋳鉄製船舶エンジンの製造を介して、新しい鋳造技術の導入が大きく寄与したことを痛感した。これが動機となって本書の執筆を思い立った次第である。

まずは、当時のわが国を取り巻く状況から話を始め、次いで鋳鉄製大砲の原料である銑鉄の特性に話を進めよう。原料である銑鉄を語るには、これを製造したわが国固有の製鉄炉である**たたら**と、西洋技術を導入した**高炉**の関連から始めなければならない。「**たたら**」には、炉としての「踏鞴、蹈鞴、鑪」と、その略字である「鈩」と、送風機を表す「踏鞴、蹈鞴」がある。そこで読者の理解を容易にするため、炉としてのたたらを**タタラ**で、送風機を**たたら**で記述することにした。タタラの漢字に関しては多くの漢字が用いられてきたが、ここでは俵國一先生に敬意を表して、「鑪」の文字を用いることとする。

なおこれまでには、大砲や銃砲に「大炮」や「銃炮」の火偏の字が用いられてきた。できれば本書でも「炮と砲」の漢字を区別して記したかったのであるが、これら漢字を完全に区別するのは難しいと判断し、引用した文献題目の表記等を除いて、すべてを砲で統一することとした。

ところで、工学を専門としてきた筆者には、図表を多用して著作物を著す習慣が身についてきた。しかし、これまでの一般書では、図表がほとんど用いられることなく本が著されている。例えば、鉛筆を文章だけで正確に記述し、それを読者に理解させるのは至難の業と言わざるを得ない。読者が鉛筆を知っていることを前提としないかぎり、筆者には鉛筆の写真なしにはこれを記述することは不可能と判断した。そこで本書では、従来の文章だけの本とは異なり、縦書きに図表や写真を多用することとした。

参考文献

ＩＨＩ『石川島重工業株式会社１０８年史』、一九六一年
今津浩一『ペリー提督の機密報告書』ハイデンス、二〇〇七年
大橋周治『幕末明治製鉄論』アグネ、一九九一年

H. F. Graff (ed.), John R.C. and William B. Allen: *Bluejackets with Perry in Japan*, NY Public Library (1952)

小西雅徳・斎藤千秋編集『高島平蘭学事始』板橋区立郷土資料館、二〇一二年、四〇、六六頁

ＪＦＥ21世紀財団『たたら　日本古来の製鉄』、二〇〇四年

俵國一著・館充監修『復刻・解説版　古来の砂鉄製錬法　たたら吹製鉄法』慶友社、二〇〇七年

中江秀雄『鉄鋳物の技術系統化調査』国立科学博物館、技術の系統化調査報告、共同研究編、六巻、二〇一三年

西川武臣『浦賀奉行所』有隣堂、二〇一五年、一四八頁

Perry Expedition to Japan, Vol. 1, Beverly Tucker, Senate Printer（1856）374

三菱造船『創業百年の長崎造船所』、一九五七年

元綱数道『幕末の蒸気船物語』成山堂書店、二〇〇四年

2　鉄砲伝来から大砲まで

一　鉄砲伝来

まずは歴史をさかのぼり、わが国における大砲の起源を考えてみよう。

大砲の前身はもちろん、鉄砲（火縄銃）である。これまでは鉄砲の伝来は、一五四三（天文十二）年にポルトガル人により種子島にもたらされた、とされてきた。しかし最近、宇田川武久は火縄銃構造の類似性から、日本に鉄砲を伝えたのは倭寇と考えた方が歴史の事実に近い、と記している。

宇田川は、ポルトガル人由来説、すなわち、わが国の種子島にポルトガル人が火縄銃をもたらしたとする根拠が『鉄砲記』にある、としている。この書の成立は一六〇六（慶長十一）年であり、鉄砲伝来よりも六十年ほど後に著されたものである。しかも、編纂の動機が、種子島時堯の鉄砲入手の功績を、子の久時が顕彰する目的であったことを宇田川は指摘している。したがって、この書は公平な記述ではなく、当時の社会情勢や火縄銃の構造から、倭寇により東南アジアの銃がわが国に持ち込まれたと判断するのが妥当である、と推定するのである。

織田信長は、戦に大量の火縄銃を天才的に活用したとされている。一五六〇（永禄三）年の桶狭間の戦いでは、火縄銃を用いはしたが少量で、主力の武器ではなかった。しかし、一五七五（天正三）年の長篠の戦いでは戦略を変え、鉄砲の大幅な活用で大勝している。このように、鉄砲伝来がわが国の戦に与えた影響は計り知れない。しかも、鉄砲伝来からごく短期間で、急速に全国に伝播していったことがわかっている。その急速な伝播の主な原因は、当時の刀鍛冶の技術が即座に鉄砲製造に転用できる水準にあったからだとされている。

二　火縄銃から大筒（大砲）へ

火縄銃と大砲との相違は何であろうか。火縄銃でわが国に最初にもたらされた形式のものを、南蛮筒ともいう。これもポルトガル説に依存した名称であろう。また、南蛮筒を見本にして造られた銃は、異風筒とも呼ばれる。さらに、火縄銃には製作された地方によって種子島筒、堺筒や国友筒、薩摩筒などの呼び名もある。

しかし、これらには大きさの情報が含まれていない。火縄銃の大型のものを大筒と呼ぶが、大筒と通常用いられてきた火縄銃との明確な区別はない。例えば、所荘吉の『火縄銃』によれば、弾丸（玉）の直径と銃口径の割合を玉割と称し、この数値は砲術師の秘伝とされてきた。井上流の玉割表では、玉の重さを玉目といい、一分玉（鉛玉直径三・九ミリメートル、銃口径四・〇ミリメートル）から五貫目玉（鉛玉直径一四五・七ミリメートル、銃口径一四八・六ミリメートル）まで、大きさによって四八種類に詳細に分類されている。これらを用いて火縄銃を表すと、たとえば二分玉筒、三匁玉筒、二百目（匁）玉筒、一貫目玉筒などと呼ばれてきた。これを基準にして、鉄砲の大きさは大筒（玉目で三十匁以上、ここでは大砲と記述する）、中筒（六匁から二十匁）、小筒（三匁五分以下）と区別されてきた。しかし、後述する巨大な芝辻砲でさえ、一貫三百目玉であり、モルチール砲（臼砲（きゅうほう）ともいう）を除けば、五貫目玉は実際には発射されていなかったのではなかろうか。

また、通常の鉄砲は口径一センチ前後で、銃身長一メートル前後の小銃であるが、やがて銃身の長い大口径の鉄砲、すなわち大鉄砲が出現した。この代表的なものが後述の慶長大火縄銃である。さらに、鉄砲に大小・長短が生じると、これを大鉄砲や長筒、短筒などと名付けた。また、騎馬武士が馬上で用いる銃身の短いものを馬上筒、あるいは馬乗筒といい、城郭の狭間から用いた鉄砲を狭間筒、遠距離射撃を目的に造られたものを町筒などと称した。このように、大砲と銃の間の明確な定義はなさそうである。

田付流・西洋流	
5貫目玉筒長9尺3寸（1挺）	3貫目玉筒長8尺（2挺）
2貫目玉筒長8尺（4挺）	1貫目玉筒長6尺9寸（5挺）
長9尺（3挺）	長5尺5寸（5挺）
ホーウィッスル（4挺）	モルチール（3挺）　以上27挺
井上流	
10貫目玉筒長1丈1尺7寸（1挺）	5貫目玉筒長9尺6寸（1挺）
3貫目玉筒長6尺5寸（2挺）	2貫目玉筒長7尺（6挺）
1貫目玉筒長5尺5寸（10挺）	5貫目狡猊炮長3尺6寸5分（3挺）
10貫目玉炮烙筒長1尺9寸2分（2挺）	5寸玉炮烙筒長1尺7寸5分（2挺）
	以上27挺

表2·1　田付流·西洋流と井上流の大砲鋳造の成果（嘉永3年12月から5年4月）（宇田川）

宇田川は『幕末　もう一つの鉄砲伝来』で、一八五〇（嘉永三）年十二月～嘉永五年四月の間に鋳造された西洋流大砲数に関して、**表2・1**を示している。この表より、嘉永三年からわずか一年半の間に、二つの流派だけで五十四門もの西洋流大砲が鋳造されていたことがわかる。その大半は青銅砲であろうが、井上流の鋳物師には、川口の増田安治郎が含まれている。詳細は第四章で述べるが、増田は茂原でねずみ鋳鉄製大砲を三門鋳造した。すると、五十四門のなかにどれだけ鋳鉄砲が含まれていたのかを知りたくなる。

この点に関して大橋周治は、「水戸の鋳砲事業にも参加した増田安治郎の場合は、嘉永三年三月からの三年間と、安政三年からの三年間で、二度にわたって、合計二一三門の大砲（うち鉄製砲九門）と、四万一三二三発の砲弾を鋳造して巨満の富を築き、その納入先は、北は津軽から西は肥後まで、日本全国にまたがった、とされる」としている。すると、**表2・1**には少なくとも数門の鋳鉄砲が含まれていたことが推測される。増田は、当時すでにねずみ鋳鉄製の大砲を造る技術を習得していたことになる。

大砲を石火矢（いしびや）ということがある。石火矢とは、十六世紀中頃にポルトガルから伝来した大砲（仏狼機（フランキ））に対する呼称であったが、後に大砲一般の名称となった。石火矢は火薬の力で大小の石、鉛、鉄製弾丸を発射する滑腔式大砲で、初めは前装式が多かったが、十九世紀から後装式が増える。青銅や鋳鉄などで鋳造され、砲架は台車にすえられて使用された。射手が抱えて打つ場合には、これを抱筒（かかえづつ）といった。

前記のように、大砲には前装式と後装式がある。**図2・1**に示す仏狼機砲は、左側の窪みに弾丸を充塡した子砲を装入する後装式である。ところで後装式の普及は、十八世紀に砲尾部に近代的な閉鎖機構が発明され、イギリスで一八五七年にアームストロング砲に正式に採用されたことに

図2·1　国崩し・第一号大友仏狼機砲（複製）　天正4（1576）年（靖国神社遊就館）

始まった。しかし、鎖栓をネジで押し付けるという当時の日本の技術では閉鎖機構は十分でなく、薩英戦争では尾栓破裂事後を起こし、再び前装式に戻っている。後装式が真に実用的になるのは、一八七二年にフランス人のシャルル・ラゴン・ド・バンジュが拡張式緊塞具を発明して以降とされている。

三　わが国における歴史上の代表的大砲

それでは、わが国での最初の大砲は何か、から始めよう。斎藤利生によれば、キリシタン大名の大友宗麟が一五五一（天文二十）年にポルトガルに発注した二門の大砲は、輸送の途中で船が嵐に遭遇・難破し、その大砲は失われてしまった。そして、ポルトガルが再度製造した代品は一五七六（天正四）年に到着した。これは青銅製の仏狼機（フランキ）砲で、二門を輸入したとされている。これを大友砲ともいう。

この大砲は**国崩し**（くにくずし）とも呼ばれ、日本最初の大砲とされている。輸入された二門のフランキ砲は、その威力の大きさからそう名付けられ、臼杵城に備えて珍重された。「敵の国をも崩す」という意味であったものの、配下の中には、これが「自国をも崩す」意味にもつながるとして、忌み嫌った者もいたとも言われている。その後、一五八六（天正十四）年に臼杵城が薩摩軍に包囲されたとき、国崩しは薩摩軍を苦しめたらしいが、臼杵城は落城し、この砲は薩摩に持ち去られた。

第一号大友砲と呼ばれる青銅で鋳造されたフランキ砲は靖国神社の遊就館に複製があり、図2・1に示した。また、これとよく似たものが鹿児島の集成館にあり、第二号大友砲と呼ばれている。これらが上記の臼杵城の物であろう。靖国神社の第一号は口径九五ミリメートル、全長二八八〇ミリメートルである。図中の左側の空間に弾丸を装塡した子砲を挿入し、その弾丸を発射する後装式になっているが、子砲は紛失し、現在では母砲だけが残されている。

国崩しをわが国最初の大砲と記述したが、これ以外にも多くの大筒（大砲）が鍛造で造られている。その代表的なものが図2・2に示した**慶長大火縄銃**と、図2・3に示した**芝辻砲**である。**慶長大火縄銃**は長さ三メートルのわが国最長・最大の火縄銃とされており、五十匁玉を使用した。この砲は徳川家康が稲富一夢に依頼し、一六一〇（慶長十五）年、当時の大砲の二大産地であった堺鍛冶と国友鍛冶に共同して造らせた、珍しい銃と言われている。この銃は大坂夏の陣・冬の陣に使われたとされている。

図2・3に示した**芝辻砲**は、慶長十六年三月吉日、徳川家康の命で堺の鉄砲鍛冶、芝辻理右衛門が造ったもので、重量一七〇〇キログラム、全長三一三センチメートル、口径九・三センチメートル（一貫三百目筒）の鉄製大砲である。現存する国産の鉄製大砲では最も古いものとされている。この大砲は大坂冬の陣に使われたとの説もあり、現在は靖国神社の遊就館に展示されている。長年にわたり、鋳造品か鍛造品かで多くの議論がなされてきた。

この砲の調査を長年望んできた大橋周治は、靖国神社から調査の許可を得た。そこで一九八三

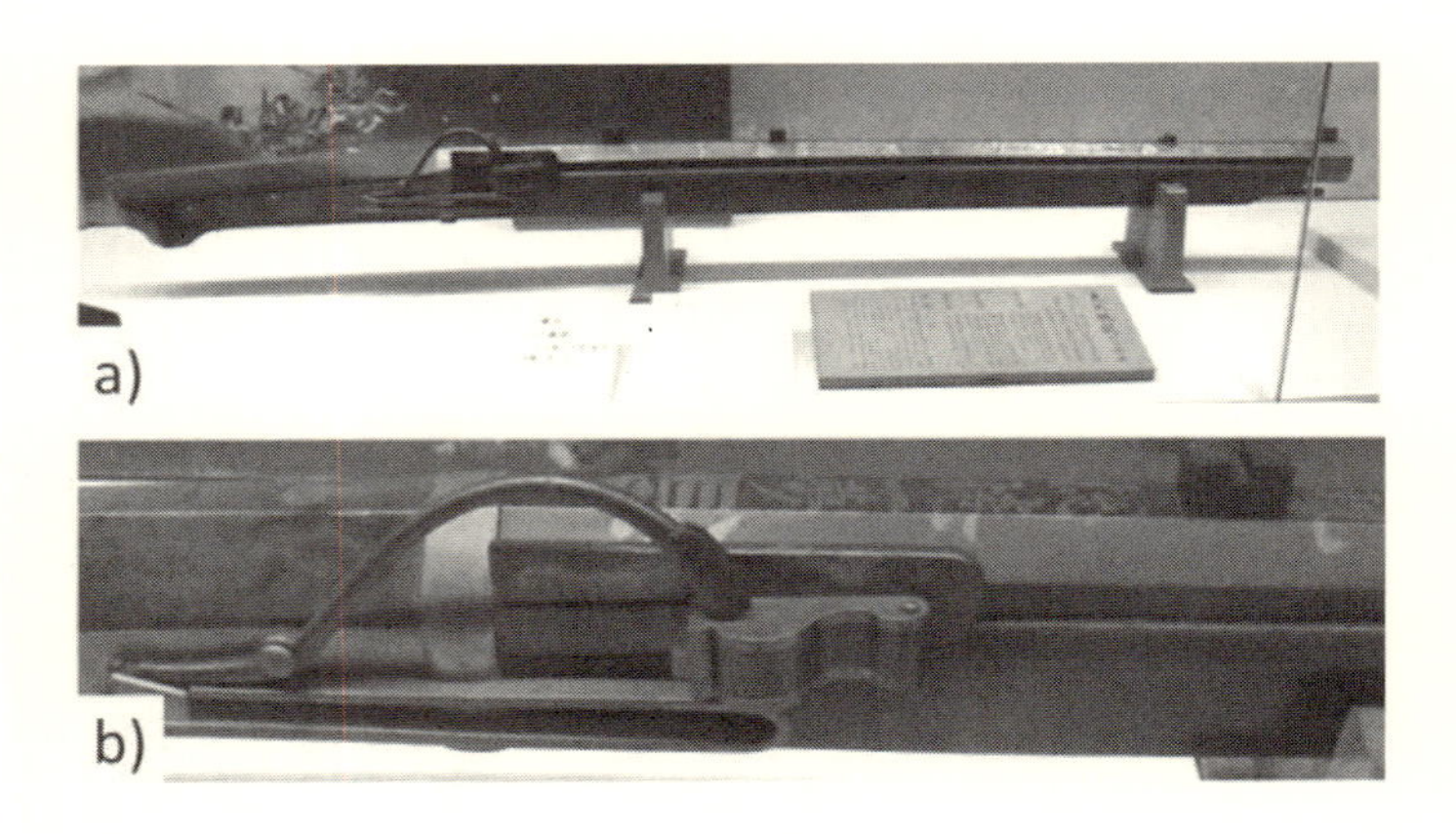

図2·2　慶長大火縄銃 長さ 3m，重さ 135.75kg，口径 3.3cm
（堺市博物館蔵）
a）全体，b）火挟みと火蓋，黄銅象嵌の文字と一夢の花押

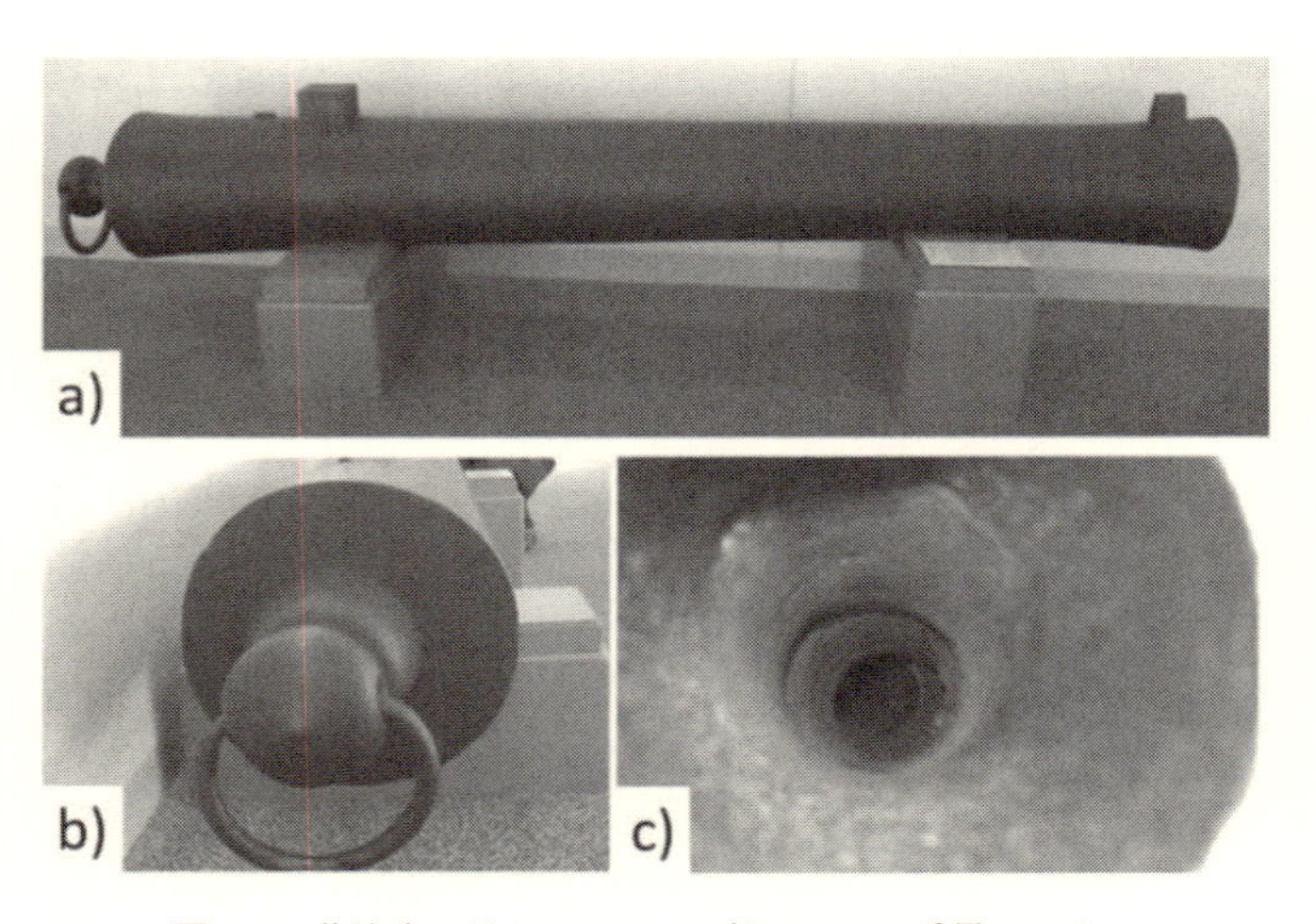

図2·3　芝辻砲　長さ 3.13m，口径 93mm，重量 1700kg
（靖国神社遊就館）
a）外観，b）砲尾部の偏心，c）砲孔の曲がり

年に産業考古学会の佐々木稔を中心に調査が行われ、超音波による断層写真で図2・4に示した年輪状の金属組織を見出した。この写真ではバウムクーヘンのような模様が観察され、これが鉄板を巻いて鍛造で接合した証拠であるとした。

さらには、本体より採取した微量のサンプルから、佐々木は本砲の材質は卸し鉄法で製造された鋼で、炭素量が〇・一〜〇・二パーセントの鋼であることを明らかにした。その結果、この砲が鍛造でできたものであることを明らかにし、製造法に関する長年の論争に終止符を打ったのである。

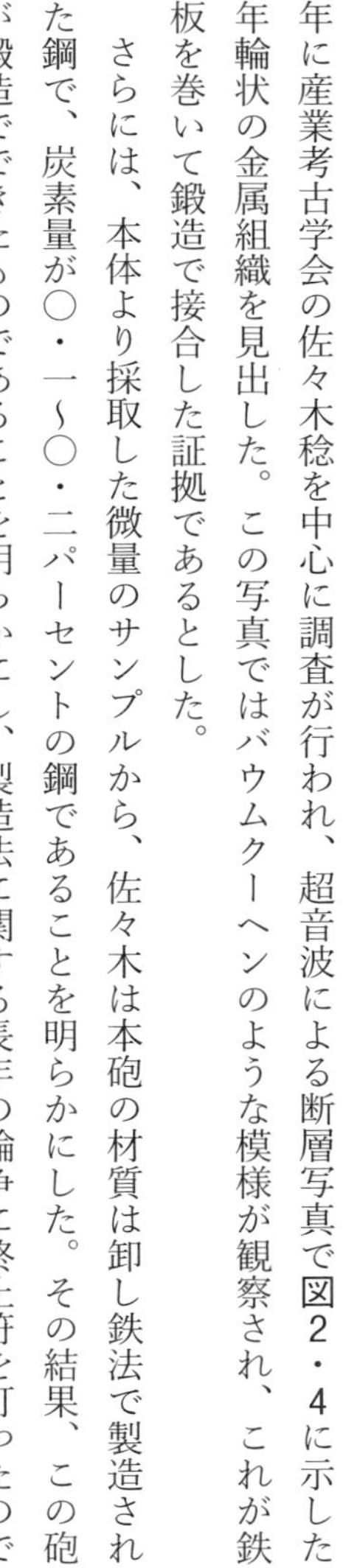

図2·4　芝辻砲の超音波断層写真
（大橋，佐々木）

大砲の造り方の一つに「張り立て」がある。これは金子功によると、鉄砲を造るときの技法そのままで、鉄板を幾重にも巻いて鍛接するという手法であるという。この手法で造られた大砲の一つが、靖国神社遊就館にある明国製の張り立て大砲である、とされている。口径六・二センチメートル、筒長は一メートルほどで、四ヵ所に補強のために箍（たが）が嵌めてある。

さらに、岩国の吉川家には「大将軍」という銘がある明国製の張り立て大砲があり、その口径は一二センチメートルとされていたが、現在は行方不明となっており、詳細は不明である。すると、芝辻砲も鍛造で造られた「張り立て砲」ということになる。しかし、国友藤兵衛の書には、鉄の鎖らしきものやその略図はあるが、製造に関する詳細な図面はない。

この点に関して所荘吉は、芝辻砲は厚さ二〇ミリの鉄板で長さ三〇〇ミリ、外径二〇〇〜二五〇ミリの筒を一三個ほど鍛造で造り、これを縦に重ねて接合する方法で造られた、と推定している。おそらく三、四個を重ねてから横にし、その接合箇所を鉄帯で締めて真筒に仕上げた（鍛造した）のであろう、と想像している。

鋳造を専門とする筆者には、一六一〇（慶長十五）年頃にこのように大きな物が鍛造で造られたとは、信じ難い結論であった。しかし、高藤英生らも砲孔の曲がりを確認しているように、筆者が砲の内部を写真撮影した図2・3ｃでは、明らかに砲孔が曲がっている。鋳造で造ればこのような曲がりが生じることは考え難く、もちろん、機械加工でもあり得ない。この曲がりは、鍛造によってこの大砲が製造されたことを示す一つの証拠であろう。すると、以上のような砲身内部の孔の曲がりは、この砲からは砲弾が発射されなかったことを示しているのではなかろうか。

このようにみてくると、火縄銃はもちろんのこと、慶長大火縄銃も芝辻砲もすべて鍛造で造られていることがわかる。なぜであろうか。これまでの鋳造製大砲すべてが青銅砲であるとすれば、初期の鉄製大砲はすべてが鍛造品であったことになる。これが何を物語っているかは、原料鉄の製法に関する問題であり、詳細は第五章に記したい。

図2·5 『石火矢鑄方傳』（米村）

わが国で大砲の鋳造に関する書が著されたのは、一六三一（寛永八）年の米村治太夫による『石火矢鑄方傳』（図2・5）が最初であろう。この書はフランキ砲の鋳造による造り方を著したものである。すべてが銅合金鋳物で記述されており、鋳鉄に関する記載はまったくない。これも、この時代にはねずみ鋳鉄製の大砲が鋳造できなかったことを示す、間接証拠といえそうである。

参考文献

宇田川武久『江戸の炮術　継承される武芸』東洋書林、二〇〇〇年
宇田川武久『真説　鉄砲伝来』平凡社新書、二〇〇六年
宇田川武久『幕末　もう一つの鉄砲伝来』平凡社新書、二〇一二年、一〇一頁
宇田川武久『鉄炮伝来　兵器が語る近世の誕生』講談社学術文庫、二〇一三年、一四、二八頁
大橋周治『幕末明治製鉄論』アグネ、一九九一年、二五二頁

大橋周治・佐々木稔「芝辻砲の非破壊調査法による解析結果の概要」『産業考古学』三五、一九八五年、二頁
奥村正二『火縄銃から黒船まで』岩波新書、一九七〇年
金子功『反射炉Ⅰ　大砲をめぐる社会史』法政大学出版局、一九九五年、一七頁
国友藤兵衛『大小御鉄炮張立製作他』所荘吉解説、江戸科学古典叢書四二、一九八二年、七頁
黒岩俊郎編、高藤英生ほか著『金属の文化史』アグネ、一九九一年、三六頁
斎藤利生『武器史概説』学献社、一九八七年、五七頁
佐々木稔・大橋周治「芝辻砲の材質と構造」『日本の産業遺産①　産業考古学研究』山崎俊雄・前田清志編、玉川大学出版部、二〇〇〇年、一一〇頁
芹沢正雄（文責）『産業考古学会報』二九、一九八三年、一〇、一一頁
所荘吉『火縄銃』雄山閣、一九六四年
所荘吉『銃砲史研究』第一六三号、一九八四年、四二頁
所荘吉『新版　図解古銃事典』雄山閣、二〇〇六年
峯田元治・中江秀雄「江戸後期の鋳鉄製大砲」『季刊考古学』一〇九、二〇〇九年、六九頁
米村治太夫『石火矢鑄方傳』一六三一（寛永八）年、所荘吉解説、青木國夫他編、江戸科学古典叢書、恒和出版、一九八二年、八一頁

3　わが国を取り巻く世界の情勢と大砲

一　ペリー来航まで

一六〇三（慶長八）年に幕を明けた徳川幕府は、早々に鎖国令を出した。一般的に一六三九（寛永十六）年の南蛮（ポルトガル）船入港禁止から、一八五四（嘉永七）年の日米和親条約締結までの期間を**鎖国**と呼ぶ。しかし、幕府による鎖国は寛永十六年に突然行われたものではなく、段階を踏んでなされた。キリスト教禁止に端を発した鎖国は、まずは一六一六（元和二）年にヨーロッパ船の寄港を平戸・長崎に制限し、元和十年にはスペイン船の来航を禁止した。そして一六三三（寛永十）年には朱印状とともに、老中の許可を貰った船以外の海外渡航を禁止し、その二年後には、日本人の渡航や帰国までも禁止してしまう。さらには、寛永十六年にはポルトガル船の来航をも全面的に禁止し、一六四一（寛永十八）年にオランダ商館を長崎の出島に移転させて、鎖国体制が完成した。

このような状況下で、一八〇四（享和四）年にはロシア使節が国交を求めて長崎に来航し、一八〇八（文化五）年にはイギリス船フェートン号が長崎のオランダ船を襲うなどの事件が発生する。そこで幕府は、一八二五（文政八）年に異国船打払令を発することになる。このような時代に、第一章で記した高島秋帆が活躍した。

高島秋帆（四郎太夫）は高島四郎兵衛の息子である。四郎兵衛は長崎の町年寄で、出島台場の担当であった。四郎兵衛は奉行指揮下で市中行政と貿易会所運営などに当たり、貿易利潤に預かって、大名並みの屋敷を構えていた。秋帆はオランダ商館長から西洋砲術を学び、和流をも加味した高島流を開き、世評を得ていた。さらには、日本最初の青銅製の洋式臼砲（モルチール砲）を一八三五（天保六）年に鋳造し、これを佐賀藩武雄（たけお）に寄贈している。秋帆の弟子には武雄の平山醇左衛門や、韮山の江川太郎左衛門らがいる。

蘭学に長けていた秋帆は、一八二〇（文政三）年にオランダへの武器発注を始め、文政八年には軍事書と二十ドイム*・モルチール砲とその弾丸を発注した。これらが秋帆の手に届いたのは一八三二（天保三）年であった。詳細は、小西雅徳らの『高島平蘭学事始』から引用した表3・1を参照いただきたい。

＊　ドイムはオランダの長さの単位で、一ドイムは二・五七センチメートルであるが、大砲の分野では一セン

町年寄	天保3年（1832）	天保5年（1834）	天保6年（1835）	天保7年（1836）
高島四郎太夫 （高島秋帆）	16ポンド臼砲　1門 空榴弾　10発 弾薬包用紙　100発 歩兵銃　2挺	臼砲弾丸鋳型　1個 臼砲ボンベン弾　20発 弾薬包　10発 歩兵銃　25挺	ホウイッスル砲　1門 臼砲ボンベン鋳型　1個 弾薬包　50発 歩兵銃（剣付）　30挺	ホウイッスル砲榴弾　30発 将校用小銃　2挺 弾薬包　100発 歩兵銃　80挺
高島八郎兵衛 （高島分家）		二連筒猟銃　3挺	二連筒猟銃　3挺 歩兵銃　5挺 硫黄燐寸（マッチ）100個 小銃用燧石　500個 小型燧石　500個	
高島清衛門（分家）				歩兵銃　2挺
福田安左衛門		歩兵銃（剣付）　3挺 二連筒猟銃　1挺	二連筒猟銃　1挺	ピストル　1挺 歩兵銃　3挺
久松碩二朗 （高島秋帆の兄）		カノン用砲弾　100挺 歩兵銃　20挺 発火用燧石　1000個 ラッパ（練兵用）　1個	弾丸鋳型（3ポンド）　3個 歩兵銃（剣付）　10挺	
高島清衛門（分家）			歩兵銃（剣付）　3挺 ピストル　2挺	
高木内蔵丞（鉄砲方）			最上級ピストル　2挺	

表3·1　高島家によるオランダからの武器等の輸入品リスト（小西）

チメートルとして用いられた。したがって、二〇ドイムは口径二〇センチメートルの大砲を指す。

表3・1を見ると、当時、わが国では入手できないものが何であったか、何が必要であったかがわかって興味深い。例えば、大砲や砲弾はともかく、その鋳型やマッチ、弾薬包、燧石（ひうちいし）やラッパまでも輸入している。何ゆえに秋帆がこのように多くの武器を出島経由で輸入できたかは、高島家の格式が十万石大名に匹敵したことによるのであろう、と小西は記述している。

　一方、徳川幕府はポルトガルとの紛争防止の目的で長崎港の防御に長崎御番を作り、大砲を配置する。その役割は福岡藩と佐賀藩に割り当てられた。これが佐賀藩をして大砲鋳造に向かわせていくきっかけとなった。もち

図3·1　高島秋帆による西洋砲術の軍事演習の図　天保12（1841）年
（板橋区立郷土資料館）

ろん、これには高島秋帆が関与していた。

一六四一（寛永十八）年に完成した鎖国は、一八五三（嘉永六）年七月八日のペリー来航によって破られることになる。この時のペリー一行のわが国滞在は非常に短く、離日は七月十七日であった。わずか十日ばかりの短い滞在であったことがわかる。ペリー一行は沖縄に寄港してから江戸に来ており、帰途も沖縄を経由している。

じつは、ペリー来航やアヘン戦争などに関して、幕府は長崎出島のオランダ領事館を通じて情報を事前に入手しており、国防の強化に舵をきっていた。すなわち、鋳鉄製大砲の製造・輸入であり、軍艦の輸入である。ペリーの来航は、機密でも何でもなかったのである。国防の動きの一つに、一八四一（天保十二）年の高島秋帆による徳丸ヶ原での西洋銃陣演習があった（図3・1）。ここでは臼砲を用い、西洋式の砲撃訓練が行われたことはすでに述べた。

ペリー来航があってはじめて、このような状況になったわけでもなかった。徳川幕府は、その開府当初から大砲に執着していた。その証拠として、伊藤秀憲の資料から表3・2を掲げる。この表は、西洋砲に関して取りまとめたものであり、先に記述した芝辻砲などは含まれていない。ここには二〇〇門近い大砲が記載されており、幕府が当初から大砲を重視していた様子を窺い知ることができる。表3・2に示されている大砲はほとんどが青銅砲であり、鋳鉄砲に限定すると、それらはすべてが輸入砲である。この事実は、徳川時代には国内では良質の鋳鉄砲の製造がきわめて難しかったことを示している。

戦における鉄砲の重要性を認識したのが織田信長であるならば、徳川家康は大砲の重要性に気付いた最初の大名ではなかろうか。表3・2は、家康がいかに大砲の重要性を認識していたかを示す証拠である。これには、一六一四（慶長十九）年の大坂冬の陣と、慶長二十年の大坂夏の陣が関連している。大坂の陣が始まる前、家康は一六一四年にイギリスからカルバリン砲四門とセーカー砲一門を、オランダからは二四ポンドデミカノン砲を購入している。このカルバリン砲の有効射程距離は一八〇〇メートルであり、これが大坂の陣で使われた、と言われている。家康は実に用意周到に大坂の陣に備えて大砲を準備しており、いわば、「大砲は国家なり」を十分に熟知していたのではないだろうか。

表3・2より、西欧では当時から青銅砲とともに鋳鉄砲が造られていたことがわかる。なぜ、西欧では鋳鉄砲ができたのであろうか。おそらく、江戸時代のわが国の技術者たちは、西欧での

分類名	西暦	鋳造者	砲の名称	材質	門数	備考
慶長 5 蘭徳砲	1600	オランダ	不明	不明	18	リーフデ号備砲
慶長 17 蘭徳砲	1612	オランダ	不明	鋳鉄	6	交渉結果は不明
			不明	青銅	6	
慶長 19 英徳砲	1614	イギリス	カルバリン砲	鋳鉄	4	クローブ号積載砲
			セーカー砲		1	
慶長 19 蘭徳砲		オランダ	24 ポンド デミカノン砲	鋳鉄	6	日本から発注 遊就館旧蔵
				青銅	6	
慶長 20 徳砲	1615	徳川家	不明	不明	不明	駿河国籠鼻で鋳造
慶長 20 蘭徳砲		オランダ	セーカー砲	鋳鉄	2	エンクハイゼン号艦砲
慶長 20 蘭砲			デミカノン砲 等	青銅 真鍮 鋳鉄	20	平戸で鋳造 受取先不明
元和 2	1616	徳川家康死去				
元和 4 蘭徳砲	1618	オランダ	不明	不明	不明	ヨーステンにより献上
元和 9	1623	イギリス商館閉鎖				
寛永 4 蘭徳砲	1627	オランダ	不明	青銅	2	幕府受領を拒否
寛永 6	1629	タイオワン事件により平戸オランダ商館閉鎖（–32）				
寛永 9	1632	徳川秀忠死去				
寛永 11 蘭徳砲	1634	オランダ	18 ポンド デミカノン砲	青銅	4	貿易再開の御礼
寛永 12 蘭徳砲	1635	井上正継	18 ポンド 連城銃		100	
寛永 14 蘭徳砲	1637	オランダ	軽プリンス砲		2	家光が図面を示し、注文
寛永 14		島原の乱（–38）				
寛永 16 蘭徳砲	1639	オランダ	12 インチ臼砲	青銅	2	平戸で鋳造
			10 インチ臼砲		1	同上、遊就館旧蔵
	1640		12 インチ臼砲		6	同上
			15 インチ臼砲		1	同上
寛永 17 蘭徳砲			12 ポンド カルバリン砲		2	
寛永 18 蘭徳砲	1641		12 ポンド野砲		2	葵紋と和暦が鋳込まれる 大坂城旧蔵
			大型臼砲		2	
			城門破壊砲		1	
		幕府、オランダに以後大砲献上は不要と伝える				
寛永 20	1643	ブレスケンス号事件				
寛永 21	1644	これ以降、幕府オランダに臼砲技術者を求める				
慶安 3 蘭徳砲	1650	オランダ	42 ポンド カノン砲	青銅	2	ブレスケンス号事件の御礼
慶安 4	1651	徳川家光死去				

表 3·2　1600 年から 1651 年にかけて徳川幕府が導入した西洋砲の記録（伊藤）

鋳鉄製大砲鋳造の成功の原因を、反射炉に求めたであろうと筆者は推察している。しかし実際には、成功の秘密のもう一つは、蒸気機関の発明に始まった産業革命である。すなわち、石炭の利用（コークス高炉）にある、と筆者は考えている。西欧では、産業革命の影響で高炉への送風動力が水車から蒸気機関に代わり、さらには石炭の採掘量の増大は、高炉の燃料を木炭からコークスに代えた。これが良質の銑鉄の製造を可能にしたのである。

この点に気付いたのが大島高任で、南部に木炭高炉を建設するに至る。第八章一節で後述するように、この流れのなかで、わが国でも木炭高炉は明治二十年頃になるとコークス高炉に転換されてゆく。コークスの使用は高炉内の温度を上昇させ、その結果としてケイ素含有量の多い銑鉄、すなわち西欧並みの銑鉄の生産が可能になった。詳細は第六章で記述する。

先に、ペリー来航が世界に公知のことであったと記した。その証拠に、一八五三年五月七日付のロンドンの新聞を図3・2に掲げる。これはペリーが日本に到着する二ヶ月以上も前の日付である。さらには、記事の題目はアメリカ遠征隊が日本に向かった、となっている。日本に向かったのは秘密でも何でもなかったことがわかる。

何ゆえにイギリスの新聞にこのような画像の掲載が可能であったかは、新聞の下部に示されている。それによると、アメリカからダゲレオタイプ（銀板写真）でイギリスに画像が送られた、とある。それほどまでして、アメリカはこの記事をイギリスの新聞に書かせたのである。

二　近代化への第一歩

ペリー一行は琉球（沖縄）を経て、一八五三年七月八日に江戸湾に来航。これはよく知られているように、サスケハナ号とミシシッピー号の二隻の蒸気船と二隻の帆船からなっていた。その

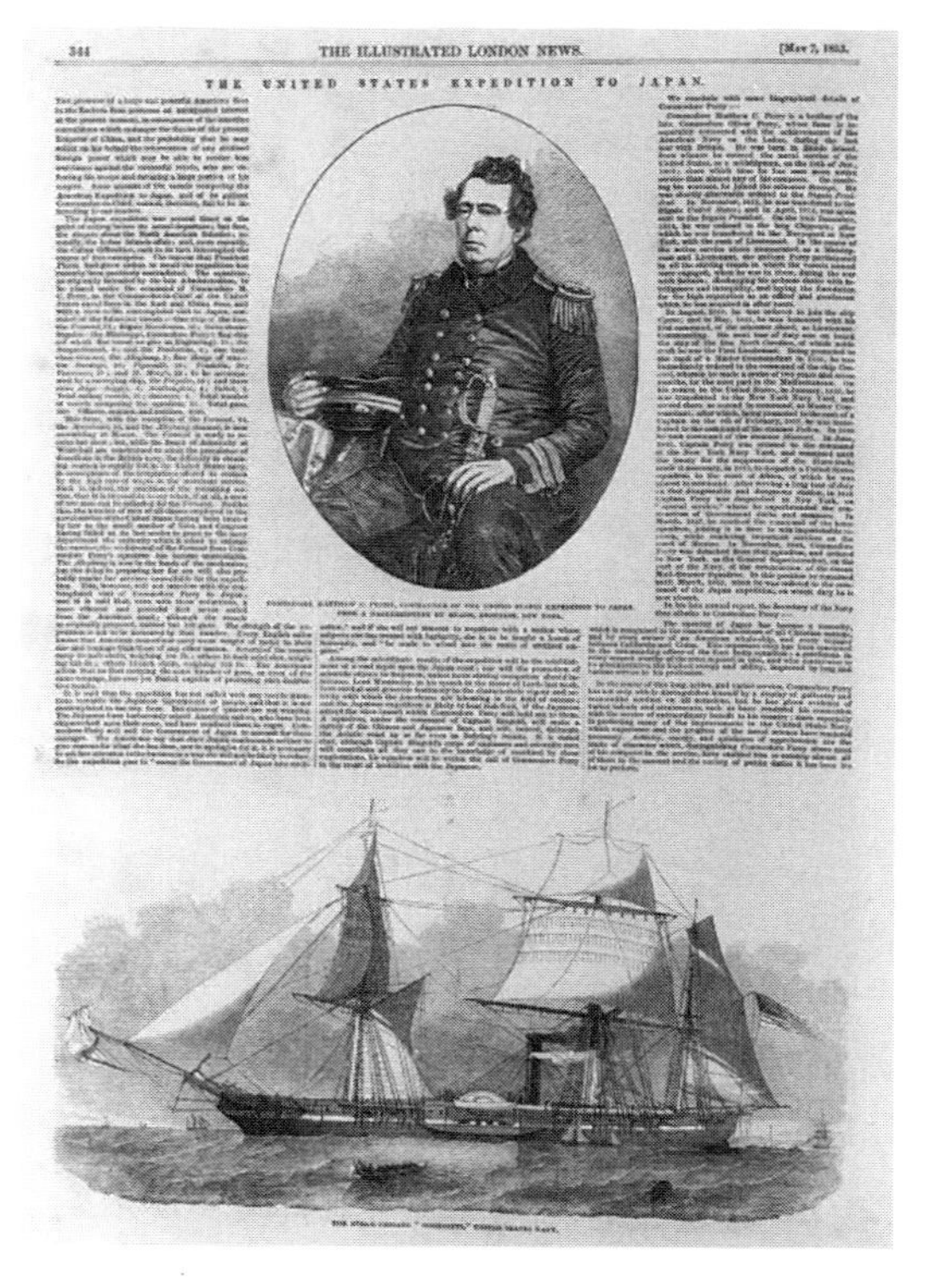
344　THE ILLUSTRATED LONDON NEWS.　[MAY 7, 1853.

THE UNITED STATES EXPEDITION TO JAPAN.

図3·2　ペリー日本遠征を示す
1853（嘉永6）年5月7日付のイギリス新聞
（横浜開港史料館）

後、七月十四日に久里浜上陸後、再び琉球を経て帰国している。江戸湾来航に関しては、有名な狂歌がある。それは

「太平の眠りを覚ます上喜撰　たった四杯で夜も寝られず」

という歌である。もちろん、上喜撰は蒸気船の掛詞であり、喜撰は宇治の高級茶のことで、その上等なものを上喜撰と呼んだ。上等なお茶を四杯も飲むと、夜が寝られなくなることを、ペリー一行の四隻の蒸気船の来航で夜も寝られなくなったともじった狂歌である。

ちなみに、この時にペリーは小船を出して江戸湾の深さの測量を行っている。どこまで大型船が侵入できるかを探っていたのである。これに対して、幕府はただ指をくわえて見ていたわけではない。ペリー艦隊の大砲の威力が大きく、幕府側はこれを阻止できなかったのである。その後、幕府は品川砲台を築くことになる。先に、第一章の図1・3に日本の要人を招いてのポハン号艦上でのディナーの様子を示した。これは二回目の来航であるが、巨大な大砲を日本人に示して威嚇したのであり、まさに日米の間で虚虚実実の駆け引きが行われていたことがわかる。

第一回目のペリー艦隊の来航で、ペリーが日本を退去すると、その一週間後にはオランダに艦船二隻の発注を決定した。さらには、水戸藩には九月十日に旭日丸（排水量約七五〇トン、図3・3）の建造を命じ、十月七日に浦賀奉行に鳳凰丸（排水量約六〇〇トン）の建造を命じた。

図3·3　絵図　水戸藩建造の洋式軍艦「旭日丸」
（船の科学館）

これらが石川島造船所と浦賀造船所創設のきっかけとなった。さらには、一六三五（寛永十二）年に発令した大船建造禁止令を十月十七日に解禁し、諸藩の大型洋式船建造への道を開いた。いかに徳川幕府が慌てふためいていたかがわかる。

しかしペリー来航より先に、薩摩藩は琉球防御の名目で大型洋式帆船の建造許可を幕府に願い出ており、寛永六年五月に幕府の許可を得て、昇平丸（排水量三七〇トン）の建造に着手していた。この国産第一号の洋式帆船は五月に起工し、一八五四（安政元）年に完成した。そして安政二年に江戸へ向け回航され、三月に品川に到着した。これには大変な見物人が押し寄せ、屋台や茶屋・貸し遠眼鏡屋も出て、見物料を取るほどであったという。品川では幕府・諸藩要人が乗船し、各種の運用試験を繰り返して八月十三日、正式に島津斉彬から幕府へと引き渡され、昇平丸から昌平丸に

図3·4　嘉永7（1854）年の横浜上陸を描いたハイネの絵
（横浜開港資料館）

改名された。

いかに徳川幕府が急いだとはいえ、蒸気船の建造は容易ではなく、幕末に建造された蒸気軍艦は、幕府が石川島造船所で建造した砲艦千代田形（排水量一三八トン）のみであった。ちなみに、この蒸気機関は長崎製鉄所で、ボイラーは佐賀藩の三重津海軍所で製造された。

一八五四（寛永七）年のペリー艦隊の二度目の来航で砲艦外交に屈し、開国を余儀なくされた幕府は、近代的な海軍の必要性を痛感した。開国に伴い、一八五九（安政六）年に下田港が閉鎖され、一方では箱館、横浜、長崎が開港し、本格的な貿易が始まった。これが開国であると同時に、いわば「大砲は国家なり」の時代の幕が切って落とされた事件であったという事実は、以下の経過から理解することができる。

ペリーに同行した絵師ハイネによる、一八五四

図3·5　大阪万博でソビエト連邦から送られたディアナ号の模型
（戸田造船郷土資料博物館）

年の横浜上陸の絵を図3・4に示す。幕府側が整然とペリー一行を出迎えていることがわかる。

まさにその数ヶ月後、ディアナ号事件が勃発した。ディアナ号は長さ五二メートル、二千トンで、大砲五二門を搭載し、乗員五百名の本格的なロシア軍艦である。これだけでは大きさがわかりにくい。そこで大きさを示すものとして、戸田造船郷土資料博物館の正面に展示されているディアナ号の錨がある。その大きさは四・七八メートルで、重量は四トンと記されている。

一八五四（安政元）年末に、日露和親条約締結交渉のため伊豆下田に停泊していたロシア使節プチャーチンのディアナ号は安政大地震で大破し、修理のため君沢郡戸田（へだ）への回航中に沈没した。一九七〇（昭和四十五）年の大阪万博の折に展示されたソビエト連邦によるディアナ号の模型を図3・5に示す。大阪万博の終了後、戸田造船郷土資料博物館に贈られ、現在も展示されている。

ディアナ号の艦長プチャーチンは、帰国のための大型帆船の建造を幕府に願い出て、ロシア側の指導の下に日本人が建造に当たった。これには江川太郎左衛門も協力し、江戸からも船大工や鍛冶屋を呼び寄せた。これが、後になって石川島造船所や長崎造船所で大いに役立ったという。

戸田で完成した船は「ヘダ号」と名付けられ、もう一隻の同型船とともにロシア人たちは無事帰国した。その後、これと同型の船が何隻も建造され、わが国で「君沢型」として長く活躍した。こうして本格的な洋式帆船の建造技術を学んだ日本人たちが、その後、日本の造船の黎明期に重要な役割を果たすことになる。

一八五六（安政三）年十月十日に日露和親条約批准のため、プチャーチンの副官だったポシュート海軍大佐が全権大使として下田に来航する。この時、修理し内装も洋風に仕立て直したヘダ号を伴ってきた。ヘダ号の返還

図3·6　横須賀の三笠記念館にあるディアナ号の大砲

と批准書の交換は十一月十日に行われたが、この時にディアナ号の大砲五十二門が航海用具とともに日本側に贈られた。しかし残念ながら、その後、これらの大砲がどうなったのか明らかではない。その一門と言われているものが靖国神社に、もう一門が横須賀の三笠記念館に保管されている(図3・6)。これらの大砲は口径一六・六センチメートル、全長二・五七メートル、重量二・七五トンで、ほとんど同じ大きさである。

靖国神社の大砲にはイギリス王室のヴィクトリア女王の紋章が鋳出しで明確に読み取れ、イギリス製の艦船蟠龍丸の備砲ではないかと、推察されている。横須賀の三笠記念館の大砲には紋章がなく、ディアナ号の大砲であるとの明確な証拠はつかめていないが、筆者はこちらがディアナ号の大砲と考えている。

吉岡学らによると、ディアナ号事件が一段落した頃、一八六二(文久二)年に幕府はオランダ貿易会社に大型軍艦(後のフリゲート艦・開陽丸)を発注した。その際、十六人の留学生を同行させた。彼らは一八六六(慶応二)年の帰国まで、オランダで多くのことを学んでいる。彼らの専門は、それぞれ海軍諸術、機関学、砲術、造船学、測量学、人文社会科学(二)、医学(二)と、さらに鋳物師、水夫(二)、時計師、船大工、鍛冶師、宮大工といった職方から構成されていた。この一行には榎本武揚、澤太郎左衛門が含まれていた。榎本は機関学で、澤は砲術となっている。この時代に、一六人を数年にわたってオランダに留学させた事実からは、幕府の西洋技術の導入に対する強い意気込みが窺える。

1611年	慶長16年	徳川家康 芝辻砲
1634年	寛永11年	長崎出島
1639年	寛永16年	鎖国
1640年	寛永17年	長崎御番
1804年	文化1年	ロシア使節 長崎に来航
1808年	文化5年	イギリス船フェートン号 長崎を襲う
1825年	文政8年	異国船打払令
1828年	文政11年	シーボルト事件
1835年	天保6年	高島秋帆 モルチール砲鋳造
1840年	天保11年	アヘン戦争勃発
1841年	天保12年	高島秋帆 江戸徳丸ヶ原で西洋銃陣演習
1843年	天保14年	ドイツでクルップ砲鋳造（鋳鋼）
1844年	天保15年	川口村 増田安治郎 鋳鉄砲鋳造
1850年	嘉永3年	佐賀藩 反射炉創業
1853年	嘉永6年	ペリー来航
1854年	安政1年	薩摩藩 高炉創業，ディアナ号難破
1855年	安政2年	伊豆韮山の反射炉
1856年	安政3年	水戸藩 反射炉，中小坂鉄山銑鉄の溶解
1857年	安政4年	大島高任 大橋高炉
1861年	文久1年	長崎製鉄所
1863年	文久3年	薩英戦争，下関戦争
1875年	明治8年	官営釜石製鉄所
1893年	明治26年	広島 落合作業所で角炉
1894年	明治27年	釜石高炉でコークス創業
1901年	明治34年	八幡製鉄所

表3·3 わが国を取り巻く情勢（反射炉・高炉の建設と大砲の鋳造）

徳川幕府の成立以前から明治時代にかけて、わが国を取り巻く当時の情勢を**表3・3**に整理してみた。幕府の成立にあたって、家康が大砲に執着したこと、統治体制の磐石化の原因の一つが大砲であったことはすでに述べた。

一八六三（文久三）年になると、**薩英戦争**が起こった。これは、生麦事件*の解決を迫るイギリスと薩摩藩の間で行われた鹿児島湾での戦いであり、双方に甚大な被害が生じた。薩摩藩の大砲の射程距離はイギリス艦隊に比べると短く、性能は劣っていたが、イギリス軍は荒天のため、艦隊の操艦が思うようにいかず、砲の照準も定まり難く、予想外の苦戦を強いられた。一方で、薩摩藩の陸上砲台によるイギリス艦隊への砲撃は、イギリス艦隊に大破一隻・中破二隻の他、死傷者六十三人を出した。

＊ 幕末の薩摩藩士によるイギリス人殺傷事件。文久二年八月二十一日、島津久光の行列が、神奈川の生麦村付近でイギリス人四人と行き会い、薩摩藩士は行列に乱入した騎馬の一名を斬殺、二名を負傷させた。

イギリス軍の被害の中には、薩摩側の攻撃によるものではなく、アームストロング砲の暴発事故によるものもあったが、戦いの後にイギリス海軍は薩摩によるものとして賠償要求に含めている。アームストロング砲の暴発事故や不発が多いことが実戦で判明したため、この砲はイギリス海軍からすべての注文をキャンセルされ、輸出制限も外されて海外へ輸出されるようになり、後に日本にも輸入される原因になったとされる。皮肉な結末である。

薩英戦争では、イギリス艦隊は台場だけでなく鹿児島城や城下町に対しても砲撃・ロケット弾攻撃を加え、砲台や藩営集成館も破壊された。これにより、薩摩藩は攘夷が実行不可能であることを理解した。

一方で、薩摩藩はイギリスから気骨があると認められ、イギリスは幕府支持の方針を変更して薩摩藩に接近する。薩摩藩とイギリスは講和し、イギリスから軍艦や兵器を輸入すると同時に、留学生を派遣した。その成果が幕府を倒す勢力となった。

それではなぜ、この表3・3や、後で示す表4・2に明らかなように、たくさんの反射炉が造られたのであろうか。それは、西洋の艦船を目の当たりにして、その大砲の威力に驚かされ、わが国の青銅砲では太刀打ちできないことに気付き、その原因を反射炉に求めたからであったろう。当時のわが国の青銅や鋳鉄の溶解には甑(こしき)が用いられていた。甑は、長時間をかければ大量に地金を溶かすことはできるが、一度に大量の溶けた金属を鋳込むことはできなかった。そこで第四章で詳述するように、数多くの甑を同時に稼働させる手法を用いた。しかし、それでは大型の鋳鉄砲はできないので、反射炉が求められたのであろう。

ペリー来航を機に、大砲鋳造の動きは一層加速してくる。すなわち、反射炉や高炉の建設、軍事工場建設への動きである。そしてまた、幕府のみならず各有力藩が大砲とともに競って軍艦を輸入するようになる。その詳細は第七章で記そう。

参考文献

安達裕之「近代造船の曙――昇平丸・旭日丸・鳳凰丸」『日本造船学会誌』八六四、二〇〇一年一一月、六六五頁

伊藤秀憲「初期江戸幕府の西洋砲の導入」、宇田川武久編『日本銃砲の歴史と技術』雄山閣、二〇一三年、一〇八頁

今津浩一『ペリー提督の機密報告書』ハイデンス、二〇〇七年、九六―一一二頁
小西雅徳・斎藤千秋編集『高島平蘭学事始』板橋区立郷土資料館、二〇一二年、一一〇頁
元綱数道『幕末の蒸気船物語』成山堂書店、二〇〇四年、一八七―一八九頁
吉岡学・本間久英「榎本武揚の日本地質学史に占める位置」『東京学芸大学紀要第4部門』第五三集、二〇〇一年、七五―一三四頁

4　溶解炉の変遷——甑（こしき）から反射炉へ

一　タタラとこしき——鑪（タタラ）と踏鞴（たたら）、甑（こしき）と鞴（ふいご）

わが国の鉄を語るときに、タタラを避けて通ることはできない。そこで、まずはタタラから話を始めたい。**タタラ**とは砂鉄（鉄鉱石：酸化鉄）を木炭で還元して鉄を得る炉であり、現在の高炉に相当する炉である。しかし、高炉は鉄鉱石を還元して銑鉄を造る炉であるが、タタラは銑鉄も鋼も造り分けることができる点が高炉と異なっている。本書では、タタラの漢字としては、俵國一先生に敬意を表して、**鈩**ではなく**鑪**の字を用いる。

これに対して**甑**は青銅や鋳鉄などを溶かす溶解炉で、現在のキュポラに該当する。甑で大量の金属を溶かすには大量の送風が必要で、古くは炉を山の斜面に造り、自然通風で行われていた。

しかし、自然通風では送風量が少なく、大量の金属を溶解することはできなかった。そこで、やがて皮袋を利用した送風機の**鞴**が考案された。鞴には手で風を送る手鞴と、足を使った足踏み鞴がある。**たたら**（**踏鞴**）とは足踏み鞴を指し、手鞴は、多くは鍛冶屋が用いた、手で風を送る小型の送風機である。**たたら**を踏んでいる時に強く踏みすぎて、よろめいた勢いで数歩ほど歩み進んでしまうことを、**たたらを踏む**という。この動作が歌舞伎でいう**たたらを踏む**につながっている。わが国で**たたら**の動力に水車が使われるのはかなり後になってのことで、当初はほとんどすべてが足踏み**たたら**で、人力により**タタラ**に風が送られていた。

図4・1に**タタラ**の操業図を示す。ここで、中央にある炉が**タタラ**で、その両端にある人力による足踏み式送風機が**たたら**である。本書ではこれらの区別を明確にするため、**タタラ**と**たたら**を使い分けている。また、この絵には**たたら**を踏む作業員の数が少なく描かれているが、実際はもっと大勢である。

図には、タタラから銑鉄が流れ出ている様子が描かれており、この操業が銑鉄を得るための操業、すなわち**銑押**(ずくお)**(し)**であることがわかる。さらに、炉から流れ出ている銑鉄が火花を発している様子が鮮明に描かれており、この銑鉄にはケイ素含有量がきわめて少ないことを示唆している。一方、タタラで鋼を得る操業を**鉧押**(けらお)**(し)**という。この場合には三日間程度のタタラ操業の後、炉を壊して炉底部にできた**鉧**を取り出すことで一回の操業が完了する。鉧の中で中央部に存在する高品質な鋼は明治中頃からは玉鋼と称され、日本刀などの原料地金とした。

図4·1　タタラ（鑪）とたたら（踏鞴）
（東京大学）

先に**表3・3**で、わが国を取り巻く諸外国の情勢と大砲の鋳造を示した。これらの大砲鋳造時の溶解炉は**甑**で、青銅にも鋳鉄にも用いられた。**図4・2**には江戸時代の青銅砲の鋳造に用いられた甑の操業の図を示す。図の右側には炉に風を送るための**たたら**と、作業員がたたらを踏む様子が描かれている。炉からは溶けた金属が取り出されており、これを取鍋（あるいは湯くみともいう）で受けている様子や、左端では鋳型に注湯する様子、炉に材料（溶解する金属とその燃料の木炭）を投入する様子などが描かれている。鋳物屋の用語では、溶けた金属を**湯**と称する。

こしき（甑）とは、『鋳造用語辞典』によると、「小型円筒形の鋳鉄や銅合金の溶解炉。キュポラと機能的な差異はないが、炉体の湯だまり、胴、朝顔などに分割し得るものをこう呼んでいる。わが国古来からの呼び名で、酒蔵の際、米を蒸す

図4･2　江戸時代の甑の操業
（大筒鑄之圖）

「せいろ」をこしきといい、積み重ねるのが似ているのでこう呼ばれている」とある。この炉は現在使用されているキュポラと原理、構造は同じである。

図4・2の甑は、炉の大きさから推定すると、一時間に〇・五～一・〇トン程度が溶解できる炉であろう。ここでは湯を出すための孔を随時開け、間欠的に湯を取り出すのが通常の操業である。この程度の炉では大型の大砲の鋳造には適さないので、多数の甑を同時に操業し、大砲の鋳型に注湯する必要がある。その様子を図4・3に示す。図の中央下の地中に鋳型が埋められている。

図4・2では、甑から出てきた溶融金属を湯くみに取り、これを鋳型に注湯しているが、図4・3では湯が流れる道を造り、三基の炉から連続的に流れ出る湯を一つに集めて大砲に鋳造している。この図には、土間に穴を掘って大砲の鋳型を立て、

図4·3　3基の甑を同時に動かした大砲鋳造図
（大砲鋳造絵巻）

その周囲を埋め戻し、鋳型上部にある湯を注ぎこむ孔、湯口に湯を流し込んでいる様子が描かれている。炉の大きさも先の図よりは大きい。このような操作で大砲を鋳込んでいたのであろう。ちなみに、図の左側にはもう一基の甑があり、これは図4・2と同様で、甑から出た湯を湯くみに受け、大砲の鋳型の方に運んでいる様子が描かれている。

話を戻して、ここで甑の歴史を紐解いてみる。甑はわが国古来の呼び名でもあり、酒造りの際、米を蒸す**せいろ**を**こしき**といい、青銅や鋳鉄の溶解炉も**こしき**と呼ばれてきた。本来、**こしき**は古代中国を発祥とする米などを蒸すための土器で、三世紀から四世紀にかけて朝鮮半島を経て日本に伝来した、とみられている。

伊野近富らによると、銅合金の溶解炉としての甑は奈良時代の中頃（八世紀）の美濃山廃寺でその遺跡が見つかっており、石野亨は奈良の大仏での溶

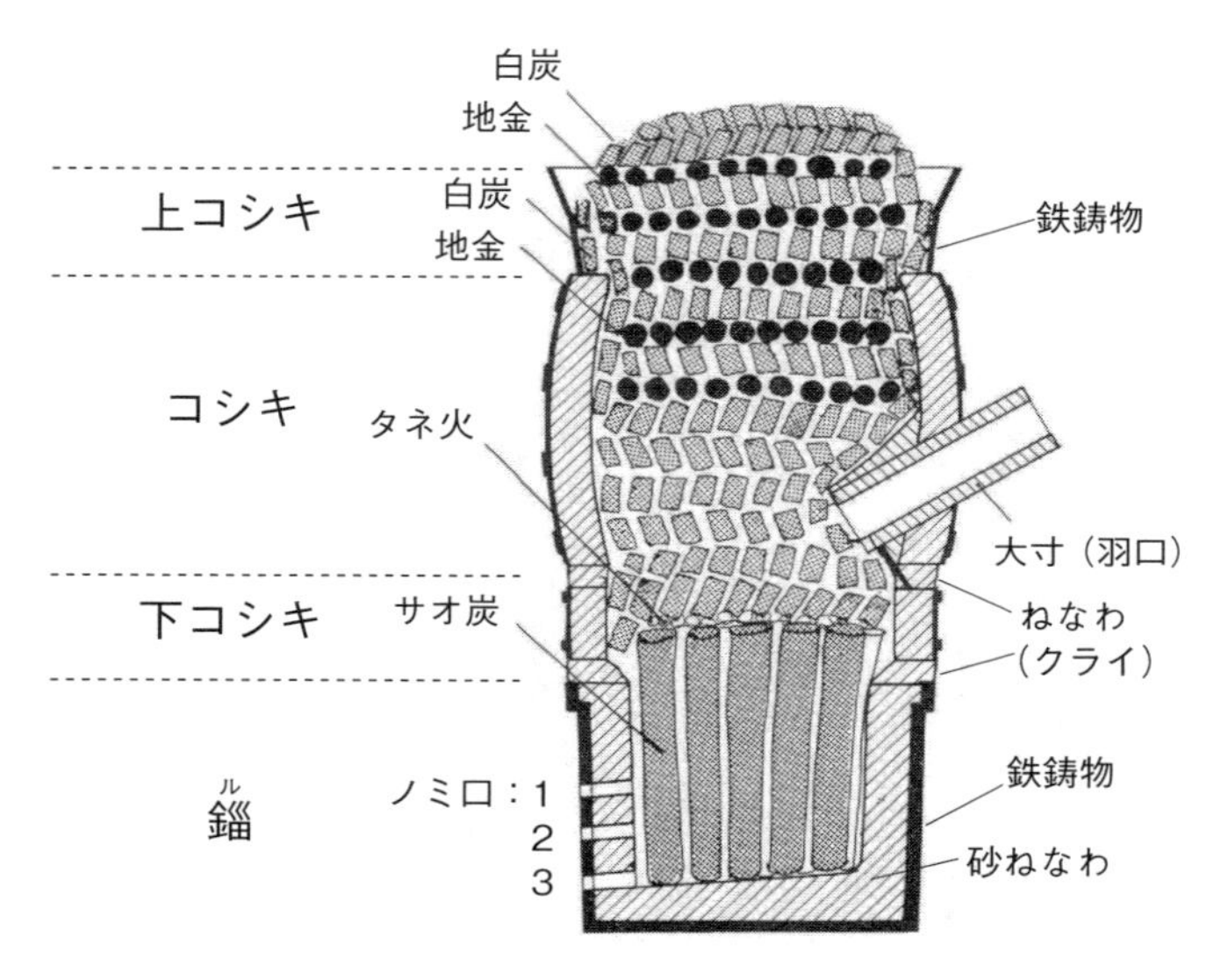

図4･4　江戸時代の甑の内部構造と溶解材料の入れ方
（『倉吉の鋳物師』に加筆）

解・鋳造に甑が使われた、としている。これらから、わが国では八世紀には甑が使用されていたことがわかる。それでは甑とはいかなる炉であったかを示すため、江戸時代の甑の構造を『倉吉の鋳物師』から引用して、図4・4に示そう。

甑は炉内に地金（青銅や銑鉄）と木炭（ここでは白炭と記されている）を交互に積み重ね、羽口から吹き込んだ空気でタネ火を起こして木炭を燃焼させ、地金を溶解する炉である。この羽口の先にある**たたら**で炉に空気を送る。原理的には、交互に装入した木炭が燃焼・消耗すると、その分だけ地金は下降し、溶解して炉の下部に溜まる。したがって、木炭の燃焼速度が大きければ、すなわち送風空気量が多ければ多いほど、溶解速度は速くなる。もちろん、木炭の装入量を増やせば溶解した地金（湯）の温度は高くなるが、溶解速度はその分だけ遅くなる。

この炉には現在のキュポラと少し異なる構造がある。それは、炉下部にある湯を取り出すための孔（出湯孔、ノミ口）である。ここには図のように1、2、3の三個のノミ口が縦に並んでいる構造が描かれている。これは、例えば1の孔を開けて湯が出てくれば、その高さまでは溶湯が溜まっているということである。炉の底に大量の湯を溜めておけば、大きな鋳物、例えば大砲や釣鐘の鋳造に便利なことから、このような構造が出来上がったのであろう。

たたらで甑に風を送るにはどの程度の人夫が必要であったろうか。『倉吉の鋳物師』には、斎藤家は明治三十八年頃までは通常、四〜六人乗りのたたら板を使用していた、とある。しかし、大きな甑の場合は板を踏む人夫十数人が必要で、この確保がなかなか難しいので、人力に代わる水車送風を明治四十年頃に考案した、という。しかし、多額の費用を投じて完工したがその後の記録がなく、おそらく水車送風は不調であったとみてよい、と記されている。明治になると水車や蒸気機関、大正期になるとモーターに変わっていった、ともある。

一六三一（寛永八）年に著された『石火矢鑄方傳』に、面白い資料（図4・5）がある。ここでは八基の甑（図ではタ、ラと記されているが、これは甑の意味で用いている）を同時に操業し、石火矢之形（大砲の鋳型）に鋳造する方式が描かれている。確かに、奈良の大仏の鋳造でもこのような方式で鋳造したことが石野亨により推察されている。奈良の大仏は多数の甑を同時に稼働

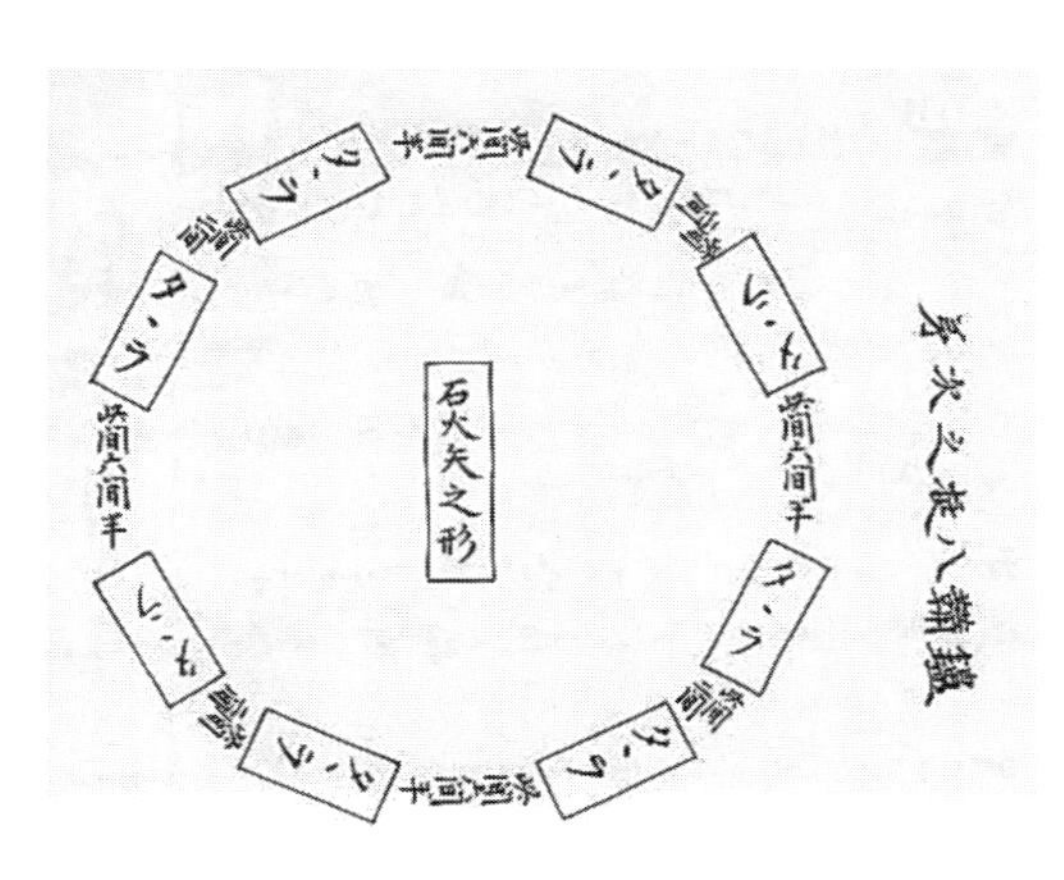

図4·5 『石火矢鑄方傳』による8基の甑（タ、ラ）による大砲の鋳造（米村）

させて鋳造したのであろうから、このような方式で大型大砲の鋳造は可能である。しかし、それでは表4・2で後述するように、江戸時代の後期には何ゆえにあのように多数の反射炉の建設が急がれたのであろうか、という疑問が湧いてくる。

図4・5の方式は図4・3よりもさらに大々的で、この方式で青銅製の大型大砲の鋳造に成功していたのであろう。しかし、反射炉の導入の意図としては、外国の艦船と戦うにはさらに大きな鋳鉄製の大砲が不可欠であった、と考えたにちがいない。表3・2に示したように、西欧では多くの鋳鉄砲が造られているのを見て、当時のわが国古来の溶解炉、甑では短時間では少量の湯しか得られないために、一度に大量のねずみ鋳鉄の湯が得られる反射炉の導入へと傾いていったのであろう。反射炉を採用すれば西欧のように鋳鉄砲ができるはず、と誤解した結果、反射炉が導入されたと筆者は推察している。

図4・5では八基の甑を用いて大砲を鋳造した様子が描かれている。しかしこれらの炉では、たとえ一時間に十トンが溶解できたとしても、一トンの鋳物に注湯するには六分間が必要である。ちなみに、現在の鋳造技術で一トン程度の大型鋳物への注湯を考えると、一分程度で鋳込むのがよいとされている。この目的をかなえるには、反射炉が不可欠であったのであろう。反射炉は、大量の湯を炉内に溶解して溜めることができ、これを一度に出せる構造になっている。

これに関連して、大橋は「水戸の神崎大砲製造所では、十貫目玉砲の鋳造に、一組三基の甑を四組並べて鋳造した」と記している。この場合には、十二基の甑を一度に動かしたことになる。送風には数百人の人夫を要したことであろう。これに対して、反射炉は高い煙突で自然通風を基本としており、この点でも優れていた、と筆者は考える。

『大砲鑄造法』という著作がある。これは「鑄筒仕法」、「秘傳鑄法」、「藁籥圖」と「鑄筒金劫・火矢製作」の四つの覚書で構成されている。「鑄筒仕法」末尾には、元文四（一七三九）年坂本俊奘とあり、三枝博音はこの書は元文四年頃に書かれたものと考えている。「秘傳鑄法」は天保年間（一八三〇年頃）に書かれたものであろう、とも推測している。残りの二つは、著された時期は特定できていない。

「鑄筒仕法」には、甑についての図入りの説明文があり、羽口や炉底部の構造が示されている。さらに、ねぢ（ネジ）の鋳込み法（中子（なかご）の使用）や、鑄筒金号（合金）之事として、銅地金の配合が、赤カ（銅）：十貫目、亜鉛（トタン）：一貫目、上々錫：五百目と記されており、当時から亜鉛も錫も流通していたことがわかる。また、「古金〔スクラップ〕にて金合之事」として、薄物古金：十貫目、きせる古金：四貫目、上々錫：五百目という記載もある。この記述から、新しい地金以外にも古い製品（スクラップ）も溶解に用いられていたことが明らかになった。しかし、この書には鋳鉄に関する記載はなく、当時、大砲が銅合金でしか鋳造しえなかったことがわかり、興味深い。大砲の製造に適した銑鉄がなかったことを示すものであろう。

「秘傳鑄法」には地金の配合に関してさらに詳細な記述があり、「トタン（亜鉛）を入れるとかたく成、すずを入れてもかたく成、和らか利也共多く入れても和らがぬ物也。なまりを入れれば和らか成候」とある。当時すでに銅合金に対する合金元素の影響が既知であったことが判明し、技術の高さを知ることができた。さらに、この書には鋳型を焼く（乾燥させる）ことが記されており、はんだに関する記述では、はんだは錫四分、鉛六分との記載もある。また、銅合金に着色する方法である唐金色付けに使用する試薬の記述もあり、一八三〇年代〔天保年代〕の科学技術の高さが理解できる。

後述するように、当時の技術では反射炉による鋳鉄の溶解・鋳込みでは白鋳鉄しか得られず、鋳鉄製大砲の鋳造はほとんどが失敗に帰している。その根本原因は、原料銑鉄の品位の問題であった。すなわち、**表4・1**に示すように、タタラ銑（和銑）のケイ素含有量が現在の銑鉄に比べてあまりに少なく、ねずみ鋳鉄が得られなかったことが主原因である。**表4・1**で言う「和」とは、西洋製に対する用語で日本製を意味し、実際にはタタラで造られた鉄であることを示す。

a）和鋼の成分，％

産　地	C	Si	Mn	P	S	Cu
伯耆　砥波炉	1.33	0.04	Tr	0.014	0.006	Tr
出雲　菅谷炉	1.30	0.05	0.04	0.015	Tr	—
〃　槇原炉	1.15	0.023	Tr	0.018	Tr	Tr

b）和銑の成分，％

産　地	C	Si	Mn	P	S	Cu
出雲　菅谷炉	3.91	0.03	0.033	0.005	0.009	—
伯耆　砥波炉	3.61	0.03	0.01	0.033	0.01	—
伯耆　鉄　山	2.94	0.24	0.016	0.005	0.017	—

c）和鉄（庖丁鉄）の成分，％

産　地	C	Si	Mn	P	S	Cu
伯耆　（近藤）	0.12	0.25	Tr	0.101	0.003	Tr
出雲　（田部）	0.15	0.110	Tr	0.031	Tr	Tr
〃　（絲原）	0.07	0.169	0.08	0.045	0.006	—

表 4·1　タタラで製造された和鉄のケイ素（Si）とその他の元素の含有量（窪田）

また、これらの和銑はケイ素含有量が少ないのみならず、マンガン、燐、硫黄と銅の含有量もきわめて少なく、滓などの混入を除けばきわめて高純度の銑鉄である。これらの元素含有量が少ない原因の一つが木炭の使用であり、良質の砂鉄の使用であったと考える。この現象を現在の冶金学で考えると、タタラ操業では炉内温度が摂氏一四〇〇度程度であり、現在の高炉に比べて炉内温度が著しく低い。その結果として、珪酸（ケイ素と酸素、水素の化合物）の還元反応が進まず、銑鉄中のケイ素含有量が低くなった、といえる。ここで、和鋼とはその化学組成から玉鋼を指し、主に日本刀の製造に用いられた。和鉄は和鋼に比べて炭素含有量が少なく、一般的な鉄部品、例えば包丁や火縄銃などの製造に用いられた鋼、ということができる。

このような事情で、どうしても満足のいく鋳鉄製の大砲ができなかった、と筆者は推測している。この点に関しては第六章で詳細に記述するように、大島高任が気付いており、木炭高炉の導入、そしてさらにはコークス高炉の導入へと傾いていったのである。

二　甑から反射炉へ

ペリーの来航でわが国の海岸防衛の必要性が急速に高まり、大砲の鋳造と輸入、海外からの軍艦の輸入、そして購入した軍艦のエンジン修理のために、新しい造船・鋳物工場の建設が不可避になった。そこで必要とされたのが反射炉である。

『鋳造用語辞典』によると反射炉とは、「炉の天井、炉壁のふく（輻）射熱を利用する溶解炉。炉の構造は燃焼室と溶解室に分かれ、その間に堤壁を設けて燃焼火炎が天井を沿って流れるようになっている。地金は燃料火炎に触れることなく、天井や壁のふく射熱によって間接的に加熱されながら溶解し、炉底にたまる。燃料ガスの影響が少なく、鋳鉄、銅合金、軽合金などの溶解に用いられる。燃料は、石炭、重油を使用する」とある。

当時の反射炉の基本技術（原典）は一八二六年に出版されたオランダ人ヒューゲニンの著書

『大砲鑄造法』によった。この本は長崎出島のオランダを介して日本が入手したものである。芹澤正雄によれば、現在知られている翻訳書は三冊あり、「鐵熕鑄鑑圖」と「西洋鐵熕鑄造篇」、「鐵熕全書で」ある、としている。これらの一つの「鐵熕鑄鑑圖」に載っている反射炉の図面を、**図4・6**に示す。これには二基の反射炉が一組で、すなわち、一基二炉で描かれている。

当時の反射炉で現存するものは、韮山と萩の地のものとされているが、萩の反射炉に関しては諸説があり、反射炉と認定するのは無理がありそうである。韮山の反射炉は、当初下田の本郷村に建設し始めたところ、下田港に停泊していたペリー艦隊の水兵がここに立ち入る事件が起こった。そこで、機密保持の観点から急遽、韮山の地に移設された。

図4・7に明治時代の韮山の反射炉の写真を示す。韮山の反射炉は一基二炉で構成されており、この炉の形は**図4・6**と非常によく似ている。まさに、この図を基に韮山の反射炉が設計・建造されたことがわかる。

韮山の反射炉は陸軍省の後援によって明治時代に保存修理事業が行われ、一九〇八(明治四十一)年に修理が完成した。明治四十二年一月に周囲に鉄柵をめぐらせ、煙突には鉄帯をはめて補強された。その後、昭和になっても再び修理が行われている。この炉には反射炉の溶解室も現存する。いずれにしても、転炉法が発明されるまでは、ヨーロッパには数多くの反射炉が稼働していたが、新しい炉の開発でその役割を終え、すべてが廃棄されてしまい、現存する反射炉は一つもない。したがって、韮山の反射炉は世界にただ一つ残る、原型を留めた大砲鋳造用の反射炉である。このような次第で、二〇一五年には世界遺産に登録されるに至った。

幕末にはどの程度の数の反射炉が建設されたのかを知る目的で、大橋と芹澤の資料に基づいて筆者が作成したのが**表4・2**である。なんと、わずか十数年の間に国内に十二箇所、二十基に近い反射炉が建設されていたことがわかる。建設場所は九州から水戸に及んでおり、当時は反射炉

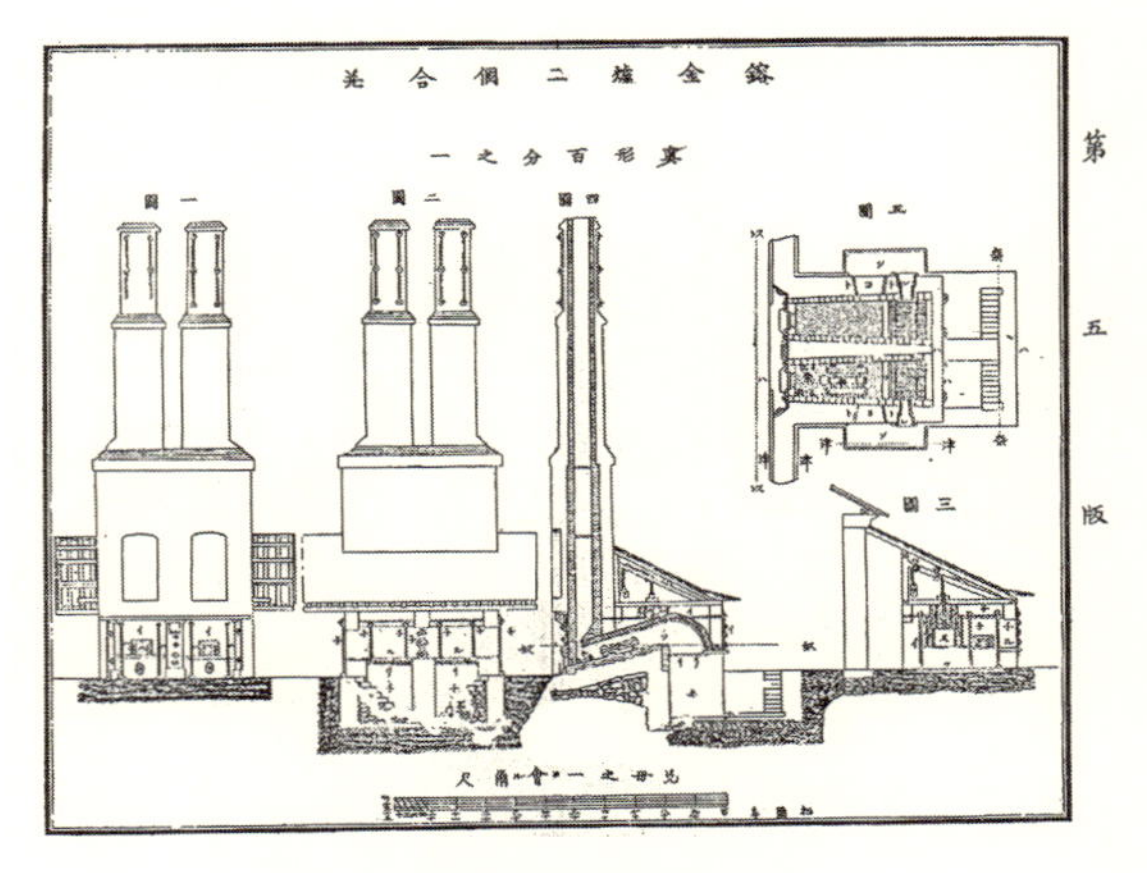

図4·6　鐵熕鑄鑑圖の反射炉の図
（金森）

図4·7　韮山の反射炉
明治42（1909）年1月，佐賀県立博物館蔵
（佐賀城本丸歴史館）

の造成は幕府のみならず、佐賀や薩摩、長州、水戸などの各有力藩でも競って行われていた。少し正確に記述すると、佐賀藩が日本で最初に建設し、次いで薩摩藩、それを追いかけるようにして幕府の反射炉建設が韮山、水戸や江戸の滝野川で進められた。

藩名	炉築炉場所	第一炉の建設着工	操業開始	炉型・炉数
佐賀	佐賀 築地	嘉永3年7月 (1850)	嘉永4年12月 (1851)	2基2炉
佐賀	佐賀 多布施	嘉永6年9月 (1853)	嘉永6年3月 (1854)	2基2炉
薩摩	鹿児島	嘉永5年冬 (1852)	嘉永6年夏 (1853)	2基4炉
〃	〃 (移設)	安政元年9月 (1854)	安政3年3月 (1856)	1基2炉
天領	韮山	安政元年6月 (1854)	安政2年2月 (1855)	2基4炉
水戸	那珂湊	安政元年8月 (1854)	安政3年2月 (1855)	1基2炉
島原 (民営)	安心院佐田	安政2年 (1855)	?	1基1(2) 炉
鳥取 (民営)	六尾	安政4年4月 (1857)	安政4年9月	2基4炉
長州	萩	不詳?	安政5年 (1858) とされる	1基2炉
岡山 (民営)	大多羅	元治元年 (1864)	慶応元年 (1865)	1基2炉
幕府	江戸 滝野川	慶応元年 (1865)	慶応2年2月 (1866)推定	不詳
福岡 (民営)	博多 土居町	不詳	試験操業のみ	1基?

表4·2　幕末に建設された反射炉
(大橋周治『幕末明治製鉄論』2頁に一部加筆)

しかし、これらの反射炉でどの程度の数の鋳鉄製大砲が鋳造されたかは定かでない。その詳細は次章以下で記述する。

一八五三（嘉永六）年から十年にわたって、江戸の湯島大小砲鋳立場で多くの青銅砲が造られた。そして一八六二（文久二）年には、関口製造所の建設が始まる。湯島では甑による大砲の鋳造が行われたが、江川太郎左衛門は伊豆韮山での経験を生かし、水車動力を用いた甑で「砲身はまず棒状に鋳造して、後に砲腔を錐で開ける」方法に改めたとされている。これには水車が必要であったが、湯島では十分な水量がなく、水車動力が不足したため、関口が選ばれた。しかし、関口でも水量が足りず、滝野川が選定された。

一八六〇年初頭（文久年間）になると、韮山の反射炉は江戸に移設されることになった。芹澤によると、「一八六四（元治元）年に滝野川に反射炉錘台建設の上申が、小栗上野介によって行われた」が、その後の経緯は不明のままになっている、と記されている。

滝野川の反射炉に関して、少し詳細に記述する。滝野川反射炉は、幕府直轄事業として築造された最後の建造物である。ここでは、目的とした鋳鉄製の大砲はできなかったようであるが、フランスの軍士官が「ライフル（溝）の切り方を手直ししてやる」と言ったくらい良質なもの（たぶん青銅砲）ができていたと、馬場永子は記述している。馬場による滝野川反射炉の建設の経緯の要点を次に示す。

滝野川反射炉の建設経緯

一八六四（元治元）年　滝野川地内反射炉・錐台取り立て上申
　滝野川村地内反射炉建築の場所門番等の儀上申
一八六五（元治二）年　湯島大小砲鋳立場の会所解体費他の見積額を報告
　江川太郎左衛門屋敷の煉瓦石二千枚、伊豆石六十本の輸送上申
　武田斐三郎等、江川屋敷にて煉瓦石・伊豆石を受領
一八六五（慶応元）年　煉瓦石焼立窯建設に必要な炉口受鉄の納品完了を報告
　関口大砲製造場の石炭等の輸送費見積額を提出
一八六六（慶応二）年　滝野川反射炉の完成（稲荷社奉納品による）
一八六八（慶応四）年　反射炉御建場にて、御鉄砲製造方が民政裁判所附に変わる

大松騏一によると、滝野川の反射炉に関しては不明な点が多いが、唯一の遺物・錐台石（水車駆動の中ぐり盤の一部）が東京・北区の酒類綜合研究所東京事務所の敷地内に保存されている。これを図4・8に示す。当時は千川用水の水で水車を回し、大砲の中ぐりを行った、その錐台石である。しかし、この反射炉が完成したか否かは明確にはされていない。戸部家の古文書では、「口絵二」に明治時代の造兵司の地図が残されており、ここでは反射炉は「反射竈」と記されており、その東側に「大蔵省囲込」施設が示されている。面白いのは、炉ではなく竈と示されてい

る点で、当時は反射炉の煉瓦を焼いた窯であるとか、あるいは、反射炉の機密保持の目的で村人には窯と教えた、などの諸説があって、明確にはなっていない。しかし、筆者は馬場と同様に、反射炉はできていたとの立場に立っている。その根拠は第七・六章で詳細に示すが、大村益次郎が滝野川もすべて大阪（後の大阪砲兵工廠を指す）に移すとしており、滝野川にはかなりの設備があったことを推定させる。

韮山の反射炉を**図4・7**に示したが、佐賀藩の反射炉に関しては一八五〇（嘉永三）年に築地に反射炉を建設した絵（**図4・9**）が存在する。しかし、この絵は昔の資料を参考にして、昭和初期に陣内松齢が描いたものである。

図4・9の左奥にある反射炉の形は**図4・7**で示した韮山の反射炉に瓜二つであるが、右にある角型炉について、佐賀藩の解説ではタタラ吹きによる大砲の鋳造に使用した、と記されている。先の**図4・5**では甑をタタラと記しており、これも甑と解釈すべきであろう。正確には、タタラは砂鉄から鉄を造る製錬炉で、三日間の連続操業で三トン程度の銑鉄しか得られない。しかも、

図4・8　滝野川反射炉の唯一の遺物・錐台石

図4·9　嘉永3（1850）年に建設された築地の反射炉
（陣内松齢，鍋島報效会）

この銑鉄のケイ素含有量はきわめて少ない。いずれにしても、大型のねずみ鋳鉄製の大砲を鋳造できた炉ではない。これで所期の大砲が鋳造できるのであれば、反射炉はいらないことになる。すると、右側の角炉は大砲の鋳造のための溶解炉ではなく、反射炉に装入する銑鉄を製造した炉（高炉）かもしれない。

さらには、図4・9の絵は多くの書に引用され、これによって、佐賀藩が鋳鉄製の大砲鋳造に成功したことが事実のように語られてきたという印象を、筆者は感じている。これは、あくまでも昭和初期に多くの文献を参考に描かれたものである。この絵が独り歩きしたことが、佐賀藩が反射炉で鋳鉄製大砲の鋳造に成功した、との一つの根拠になったのであろう。この点に関しては表5・1で後述するように、佐賀では多くの青銅砲と鋳鉄砲が鋳造された記録も多く残されており、真実の解明は今後に期待するしかない。

筆者が佐賀を訪れて確認した範囲では、佐賀には当時の鋳鉄砲は一門も残されておらず、五門の青銅砲が現存するに過ぎなかった。唯一、現存する佐賀藩の鋳鉄砲とされている鋳鉄製の大砲が、東京・渋谷の戸栗美術館の中庭にある。その詳細は後述する。

水戸藩の佐久間貞介による反射炉の操業を記録した書に、『反射爐製造秘記』がある。この書は一八五四（嘉永七）年から一八五八（安政五）年までの記録とされている。この本の原典に関して、『日本科學古典全書』の編者である三枝博音は後書きで、「当時の日本では国防の必要から、いかに鐵製の大砲鑄造ということに、関係者たちの間で苦心が拂われたかということを知ることが何より必要である。そこで、かやうな當時の情勢を知るのにこの上ない資料をここに擧げることとする」として、杉谷雍介による佐賀藩の反射炉の造築と鋳砲の記述を挙げている。

また、鉄鋼材料に関して、「水戸藩の製鐵の技術指導の任にあったのが大島高任で、彼は今後の鑄鐵は従来のタタラ銑などでは間に合わず、西洋流の高爐を用ひることが先決であることを主張し、それに要する鐵鑛を諸々に求め、それによって水戸に起こった高爐技術は、やがて釜石の製鐵技術へと発展していく契機がつくられたのである」と記している。反射炉で鋳鉄製の大砲がうまくできない原因がタタラ銑にあることに気付いた大島が、高炉の建設に突き進んだことがわかる。

『反射爐日録抄出』も佐久間による反射炉の記録で、一八五四（安政元）年から安政五年頃までの現場での記録を取りまとめたものであろう、と三枝は推測している。同書は「現場で書きつけられた記録であるだけに貴重である。特に、反射爐の築造の計画から、実際の構築、鐵の鎔解、鑄込み、砲身の鑽開、さらに試發までのことが記されている。これには燃料では木炭と石炭の良否や、南部・上州・備中など諸國産の銑の良し悪しなどに至るまでが細かい記述となって示されている」と三枝は絶賛している。

この書の記録者である佐久間は水戸の藩士で、水戸藩反射炉の構築に取り締まり役として直接参与したのみでなく、大島高任を南部藩より水戸藩へ貰い取るに際して、藤田東湖とともに大いに努力した人である。大島貰い取りの経緯については、『反射爐製造秘記』に興味深く記されている。

また、この書の本文中には「石炭焼窯鑄物に始まる」との記述があり、コークス炉（石炭焼窯）の部品を鋳鉄で造り、石炭をコークス化して燃料としていたことがわかる。さらに、「水車鑄物をタタラにて鑄込。今日銅鑄物あり、不出來也」とある。「鐵鑄込みあり、萬力貮組、せり込車形壹ッ眞棒貮ッ」などの記載もあり、いろいろな部品を作っていたことがわかる。

大砲に限定すると、「今日銅鑄込あり、神崎にて鑄立銅銃當所へ引取試打之處明日に成る。翌日には、今日試打二發あり。その翌日にも今日試打あり。その後には、先日の試打、八寸經玉實丸壹貫餘之由、二十三発は四貫目餘之由、……四十五度極高なれば七十町位之ものゝよし」などと記述している。他の箇所にはモルチールの記述もあり、先の砲はモルチールのことであろう。

ほとんどの試し打ちは銅砲であるが、南部鉄を溶かして造った砲の試し打ちに関する文章は、わずか一ヶ所であるが記述がある。これらの文脈からも、鋳鉄砲の製造はうまくいっていなかった、との印象を強くした。

三　青銅砲から鋳鉄砲へ

青銅砲

石火矢とは、十六世紀中頃ポルトガルから伝来した大砲（仏狼機：先に図2・1で示した国崩しがその一例）に対する呼称であったが、後に大砲一般の名称となった。石火矢は火薬の力で大小の石、鉛、鉄製弾丸を発射する滑腔式大砲で、初めは後装式が多かったが、十七世紀から前装式が増える。青銅や真鍮、鋳鉄などで鋳造され、砲架、台車に据え付けて使用された。射手が抱えて打つ場合にはこれを抱筒（かかえづつ）といった。石火矢を銅発熕（はっこう）や砲石、西洋砲ともいう。幕末の西洋砲の導入により、石火矢の代わりに熕（こう）や砲熕が大砲の一般的名称になった。

　ここで少し、江戸時代の大砲の鋳造に触れておく。まずは江戸時代の青銅製大砲の製造技術から。当時は、大砲といえば大半が青銅砲であったが、青銅が高価なこと、金属資源に乏しいことなどの理由から、ペリーの来航を機に鋳鉄製大砲の鋳造が国策として推し進められた。

　大松騏一は、軍艦千代田形の青銅製備砲を江戸の関口大砲製造所で鋳造したが、これには和流大筒を鋳崩した（これらを再溶解した）銅が使われていた、としている。さらには、一八五三（嘉永六）年に湯島鋳立場が設けられ、その二年後には幕府は全国の寺院に対して「銅器の提出」を命じている。寺の梵鐘は名器や時報用の鐘を除き、すべて公儀へ差し出せと命じた。ことほどさように青銅製の大砲の鋳造には銅が不足していたことがわかる。これが鋳鉄砲を製造するという強い動機になったことは疑う余地がない。

この点に関して山川菊栄は、烈公（徳川斉昭）は神崎に熔鉱炉（溶解炉の誤りか？）を造り銅砲の鋳造を試みたが、初めてのことでうまくいかず二千貫目の銅がなくなり、さらに二千貫目の銅を手配したがうまくいかず、鋳物師・善四郎は猛火に身を投げようとしたのを、大勢でやっと引き留めた。これで烈公は金策が尽きて、寺のつき鐘、仏像、仏具等の銅製品に目をつけ、これを大砲にした、と記している。

また、烈公は大砲の鋳造を幕府に奏上し、梵鐘仏像の鋳つぶしは、いったん朝廷の思し召しとして天下にふれられたが実行されるには至らなかった。さらに烈公は小型の宗教戦争を押し切ってまで、領内の梵鐘や金銅仏を取り上げて鋳つぶし、大砲に変えたが、そうして造り上げた大砲は、ピカピカ金色に光って太く長く、見かけは堂々としていても、見かけ倒しで、実戦の用には立たなかった、とも記している。

表3・3に明確には記されていないが、わが国最初の洋式大砲は高島秋帆が一八三五（天保六）年に鋳造した青銅製のモルチール砲と言われている。図4・10に高島秋帆のモルチール砲を示す。

図4·10　高島秋帆が1835年に鋳造した青銅製モルチール砲
（佐賀城本丸歴史館）

これは極端に肉厚で短く、砲身が臼に似ていることから臼砲とも呼ばれている。臼砲は四五度方向に弾丸を発射し、障害物に隠れた目的物を攻撃する大砲である。この砲は、砲身の下部に高島茂紀・高島茂敦（秋帆）父子が門弟に鋳造させたことを記す刻銘があり、一九三五（昭和十一）年に佐賀鍋島家の庭から発見された。

先に紹介した芝辻砲などは鋼の鍛造品であった。その原因は前述したように、当時の鋳鉄は白鋳鉄しかできず、非常に硬く脆いため、砲孔内部の加工もできず、結果として大砲の鋳造には不向きであったことによる。そこで、あえて鍛造で造ったのであろうし、鋳造による大砲の製造は青銅にならざるを得なかった、といえる。

図4・11に示した小金井公園の大砲は四二ポンドの青銅砲で、全長三四四〇ミリメートル、口径一七八ミリメートルで、一八五四（嘉永七）年頃に鋳造された

図 4・11　小金井公園の青銅砲，通称ドン（1854 年製）

ものとされている。この大砲は当初、品川台場に置かれており、その後、一八七一（明治四）年から一九二九（昭和四）年までの間は正午の時報（ドン）を打つ大砲として江戸城本丸跡地で使われてきた。したがって、この大砲は通称**ドン**と呼ばれていた。そこから、土曜日は仕事が半日なので、午後は休みとの意味を込めて、土曜日の正午の時報を**半ドン**と称してきた。これとは別に半ドンには、「半」は「半分」の意味、「ドン」はオランダ語の「ドンタク、日曜日」を意味し、土曜日を日曜日の半分とする説もある。

この砲は水戸の徳川斉昭が幕府に献上し、下関戦争に使われたとされてきた。しかし、斎藤利生はこの大砲を詳細に検討し、水戸ではなく、関口大砲製作所か川口の鋳物師が製作したものと推察している。さらにまた、その形状から陸上の台場砲ではなく、艦載砲としている。

一八五四（安政元）年に湯島馬場大筒鋳立場で鋳造

図4·12　青銅製80ポンド加農砲
（靖国神社遊就館）

された青銅製八〇ポンド加農砲を図4・12に示すが、これは小金井の大砲と瓜二つである。加農砲とはキャノン砲と同義である。この砲は全長三八三〇ミリメートル、口径二五〇ミリメートルの大型砲で、品川台場に据えられていた。この大砲の砲尾部には多くの補修箇所があり、鋳造の際に巻き込まれた滓を除去した跡を共金で埋めてあるのを筆者は確認している。当時の技術では欠陥のない青銅砲の鋳造がいかに難しかったかを示す証拠でもある。

　ペリー艦隊が来航して幕府に開国要求を迫ったとき、幕府は、江戸の防衛のために海防の建議書を提出し、江川太郎左衛門に命じて洋式の海上砲台を品川沖に建設させた。この計画では十一基の台場を築造する予定であったが、実際には六砲台の建設で幕を閉じた。これは**品川台場**（品川砲台）と呼ばれた。その名残が現在の東京湾のお台場である。ここには多数の大砲が据え付けられており、図4・12の大砲はその一つ、とされてきた。

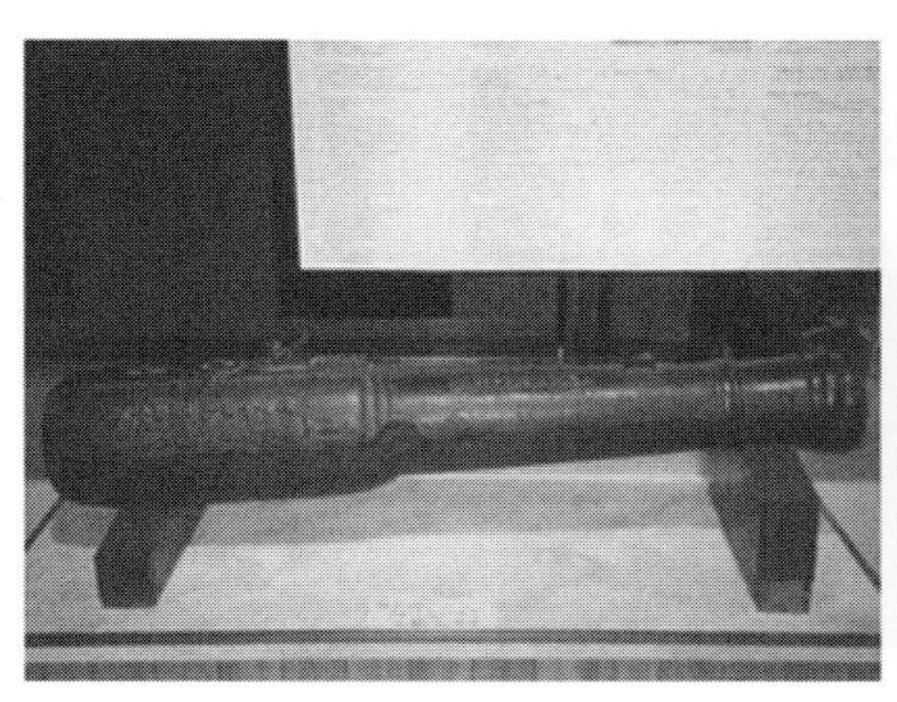

図 4·13　天保 15（1844）年製造の鋳鉄製の大砲小
（全長 1380 mm，口径 50.5 mm）

鋳鉄砲

佐々木稔の報告には、一八四四（天保十五）年に武州川口村（現在の川口市）の鋳物師が鋳鉄製の四百匁筒を製造した、とある。幸いにして筆者はこの大筒（大砲）を調査する機会を得て、この大砲がねずみ鋳鉄であることを確認した。大砲鋳造の鋳物師は増田安次郎で、当時、**大中小**の三門が**出吹き***で鋳造されたが、**大**は盗難にあい、現存するのは**中小**の二門のみである。**中**は永瀬家に保存され、**小**は茂原市立美術館・郷土資料館で保存・展示されている（図4・13）。大砲の表面には鋳出し文字で天保十五年の文字が読み取れ、裏面には増田安次郎の銘がある。この大砲は、全長一三八〇ミリメートルで、口径は五〇・五ミリメートルの小型砲である。

* **出吹き**とは、当時の鋳物師は自分の工場で鋳造するほか、注文に応じて各地に出張し、梵鐘などを鋳造した。出張して鋳造することを**出吹き**といい、奈良県下田の鋳物師が三重、岐阜から長野まで、各地で出吹きしながら巡業した例がある。

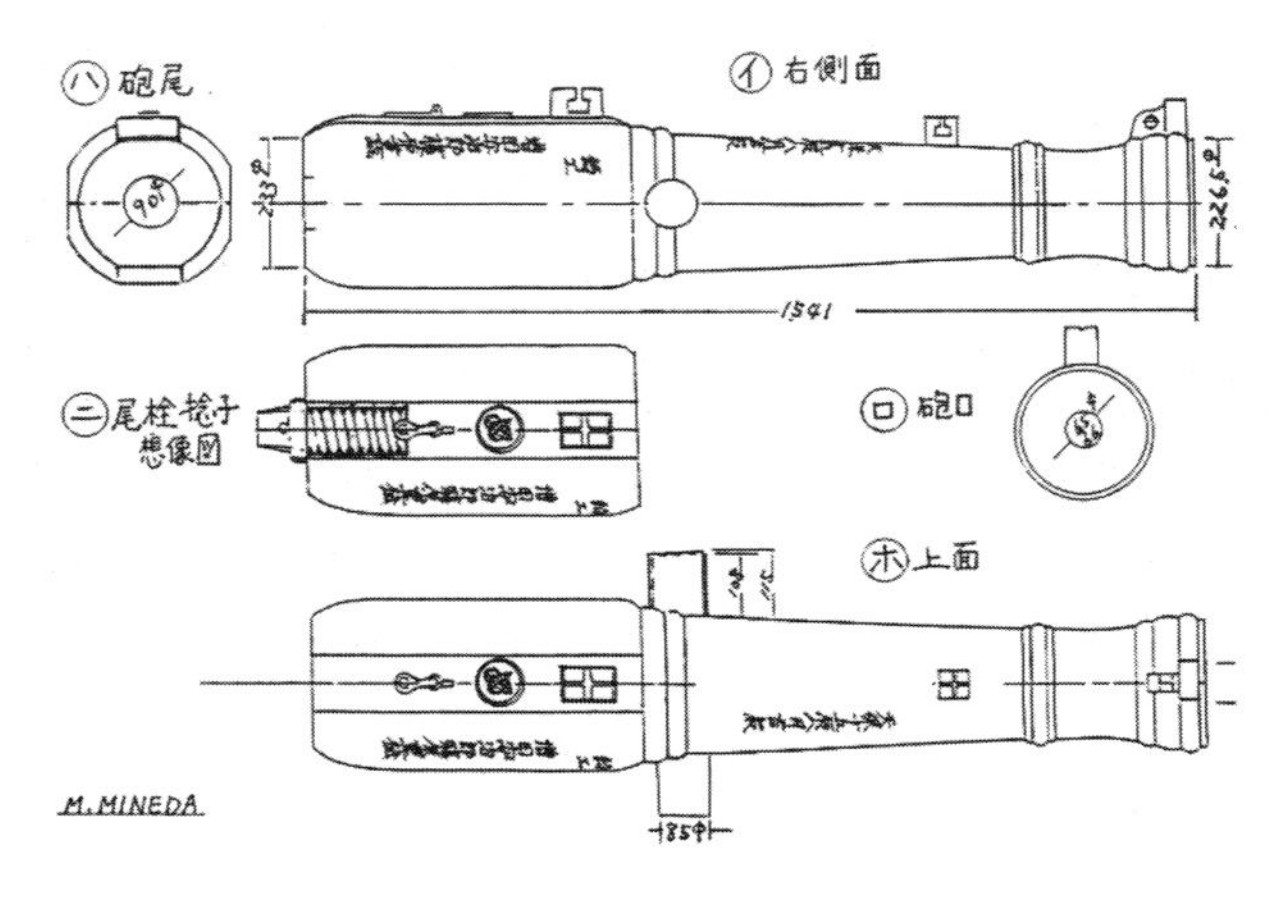

図4·14　永瀬家の大砲中のスケッチ　単位 mm
（峯田）

図4・13の大砲は、増田安治郎が茂原に出向いて鋳鉄製の大砲三門を鋳造したうちの一門である。

図4・14に永瀬家に保存されている大砲**中**の図面を示す。この砲は、口径が短径六五ミリメートル、長径六六ミリメートル弱で真円度は高く、四百匁筒（大砲）とみられている。外径は銃口部二二六・五ミリメートル、銃尾部二三三ミリメートルで、全長は一五四一ミリメートルである。この大砲にも「天保十五辰八月吉辰、鋳物師、増田安治郎・藤原重益」の鋳出し文字が読み取れ、これは**図4・13**とまったく同じである。これらの大砲は両者ともに砲尾はネジ止め構造になっているが、大砲**小**はこのネジ部の孔に銅合金を流し込んで密閉してある。**中**は鋳造時の鋳型がそのままの状態で残っており、この大砲からは実弾は発射されていなかった、と考えられる。

永瀬家の大砲中は長年屋外に置かれており、厚い錆が付着していた。筆者が永瀬家を訪問した際には、この中型大砲は新築中の床の間に運び込まれており、底部に厚い錆が付着したままであった。錆部から黒鉛の晶出と形状が判別できるかもしれないと考え、砲尾部から厚さ数ミリメートルの錆試料を採取させていただいた。この錆試料を樹脂に埋め込み、研磨して組織観察を走査型電子顕微鏡（通称、SEM）などで解析した結果、片状黒鉛の存在を確認した。白鋳鉄ではなく、片状黒鉛がよく伸びた、典型的なねずみ鋳鉄であった。当時の川口の鋳物職人の鋳造技術の高さを物語る、貴重な大砲である。

筆者は図4・15に示した三重県の安乗(あのり)神社の鋳鉄製大砲を調査する機会も得た。この大砲は、鳥羽藩が一八六三（文久三）年に海防の目的で稲垣充方に命じて造らせたもので、砲尾は永瀬家の大砲と同じくネジ止め構造になっている。全長一六九二ミリメートル、外径三八〇ミリメートル、口径九二ミリメートルである。この砲には稲垣家の家紋である抱茗荷(だきみょうが)の図案が鋳出しで造られ、砲尾部にはネジが切られている。これも川口の鋳物師、増田安次郎が造ったのではないかと、斎藤も川口市も推察している。筆者は安乗神社の宮司の方の厚意で大砲の小試片を入手した。この試片の金属組織を詳細に検討し、星形の黒鉛が出ていること（図4・16）を確認した。すなわち、パーライト基地に粗大な星形の黒鉛が存在している。また、図のキャプションに筆者が調べたこの大砲の化学組成も示した。これより、ケイ素含有量はきわめて低く、和銑を原料とした鋳鉄砲であることがわかる。

先に記述したように、当時の反射炉ではこのような鋳鉄製の大砲はできていない、と筆者は考えている。幕府や薩摩藩・佐賀藩が試みた反射炉で製造された鋳鉄砲が現存しない一方で、川口の鋳物師が甑で鋳鉄砲の製造に成功していたことは、何を物語るのであろうか。筆者の知る限りでは、川口の鋳物師、増田安治郎だけが鋳鉄製の大砲の鋳造に成功していたが、その詳細は機密とされ、製法を門外には広げなかったものと考えている。

図 4･15　安乗神社の鋳鉄砲

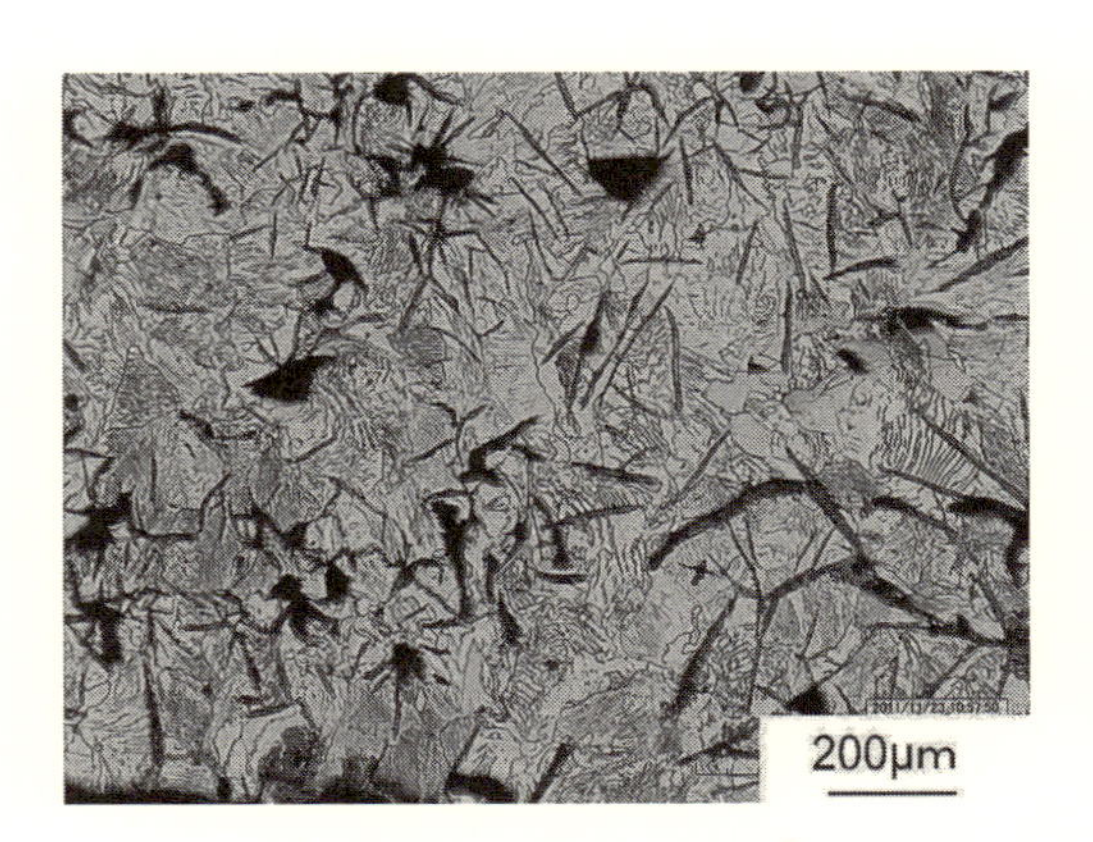

図 4･16　安乗神社の大砲の金属組織と化学組成
4.48 % C，0.13 % Si，Mn < 0.001%，
0.117 % P，0.034 % S，0.005 % Ti
（峯田・中江）

この点に関して、われわれ鋳鉄の専門家の間では昔から、鋳鉄の組織に対する炭素・ケイ素含有量と鋳物の肉厚の関係から、黒鉛の出る範囲を示した「マウラーの組織図」(図5・4で示す)というものが有名である。しかし、この図から読む限りでは、このような低いケイ素含有量ではねずみ鋳鉄は得られないことになっている。筆者は、甑による繰り返し溶解で炭素量を増加させ、過共晶組成としたことが黒鉛晶出(ねずみ鋳鉄化)に成功した原因であることを、菊地直晃とともに実証した。検討結果は第五章で詳細に記述する。増田安治郎は甑による鋳鉄砲の製造に成功したが、幕府や佐賀、薩摩などの有力藩では西洋の科学技術を取り入れた反射炉で失敗に終わっている。過去の経験に立脚した職人技とは恐ろしいものであることを痛感させられた。

幕末に反射炉の建設を急いだ理由は、大型の鋳鉄砲の製造にある、と先述した。すなわち、鋳込みに際しては一度に大量の溶けた鋳鉄が要望されたからで、増田安治郎を除いては、旧来の甑ではねずみ鋳鉄が得られず、この目的を達成できなかった。しかし、反射炉では大量溶解の条件は満たしたものの白鋳鉄しか得られず、現実には失敗の連続であった。白鋳鉄の大砲は砲弾の発射に耐えなかった、とされている。砲弾を発射すると砲身が壊れたのである。その上、大砲では砲孔の内径を精度よく仕上げなければ、砲弾を遠くに飛ばすことはできないが、白鋳鉄は非常に硬く、当時の加工技術はもちろん、現在の技術をもってしてもその切削加工は難しい。このような事情で、当時は多くの藩で鋳鉄製大砲の製造が試みられたが、成功していない。この点、佐賀藩だけがねずみ鋳鉄製の大砲の製造に成功した、と言われてきた。

佐賀藩が鋳鉄製大砲の製造に成功した原因の一つは、一八五八（安政五）年にオランダから購入した電流丸の荷下鉄（荷足鉄、銑鉄）使用にある、とされてきた。船の重心を下げるためには、通常は石などを船底に積んで航行した。しかし、これを銑鉄（荷下鉄）に置き換えると、鉄は石よりもはるかに重いので、船がより安定する。そこで、大砲を積んだ艦船などでは石の代わりに荷下鉄が用いられた。佐賀藩が輸入した電流丸には荷下鉄が積まれており、この銑鉄を用いたことが佐賀藩が鋳鉄砲の鋳造に成功した原因とされてきたのである。国産のタタラ銑ではケイ素含有量が少なく、白鋳鉄しか得られなかったが、ケイ素含有量の多いヨーロッパの銑鉄を荷下鉄として購入した結果、二百門もの鋳鉄製の大砲ができたと言われてきた。しかし、これらの大砲は一門も現存していない。先にも記述したように、現時点では佐賀には青銅製の大砲が五門存在するのみである。

渋谷の戸栗美術館に鍋島藩の江戸下屋敷跡地の中庭に埋まっていた大砲、佐賀の二四ポンド鋳鉄製大砲（全長三〇二五ミリメートル、口径一四八ミリメートルで重量二八・九トン）がある。この大砲に関して大橋周治は、「渋谷松濤で発見（？）された」と疑問符をつけて記している。この点に関して、筆者はこの大砲の撮影許可を得るため、数回にわたって戸栗美術館を訪れた。その際に館長の戸栗修氏（初代館長・戸栗亨氏の御子息）から、大砲は鍋島藩の庭に埋められていた、と聞かされた。やはり、第二次世界大戦時の金属の供出を避けるために庭に隠されたものと考えられる。

図 4･17　鋳鉄製 24 ポンド砲（戸栗美術館）と砲尾部の文字，その化学組成
3.22% C，0.69% Si，0.27% Mn，0.275% P，0.132% S，Cu<0.01%，
0.02% Ni，0.01% Cr，0.01% Ti，0.06% V，Sn<0.005%
（九州大学）

この大砲の写真を図4・17に示す。図のキャプションに九州大学が分析した大砲の化学組成を示した。この値に基づいて、佐賀県立博物館などは、「わが国特有の砂鉄銑では炭素以外の元素の含有量は少ないが、これらはケイ素、燐、硫黄、マンガンが多く含まれており、輸入銑によって鋳造されたものと推定される」と説明した。すなわち、上記の荷下鉄の使用を裏付け、佐賀藩製である、と主張したのである。長年にわたり、この大砲は一八五三（嘉永六）年に品川台場用に幕府が佐賀藩に発注したものの一つとされてきた。

しかし、斎藤利生は図4・17の文字が外国語であることから上記の説に疑問を抱き、これを解読し、アメリカ製の大砲で、ポルトガル領マカオにあったものを薩摩藩が緊急輸入した八九門の一つと推定した。また、文字の解読から一八二〇年頃にアメリカのヴァージニア州のベローナ鋳造所で造られたものであることを明らかにしている。以上のことは大橋の著書にも詳細に記述されており、「佐賀県立博物館その他、佐賀砲復元調査に従事した機関は、その誤りを公的に発表する義務があると考える」とまで記されている。

この点に関して、中野俊雄によれば、佐賀県立博物館は平成十六年八月、複製大砲の案内版を、「この大砲は一八二〇年頃アメリカで製造されて幕末輸入され、かって東京渋谷区の旧鍋島邸におかれていたもの（現在は戸栗美術館所蔵）を原型とする複製品である」と訂正したが、一方で戸栗美術館は佐賀製であることを変更していないと記している。筆者も戸栗美術館ではこの大砲が佐賀で造られたもの、と表示しているのを確認している。

写真を見ると、大砲は砲尾までも一体構造で、砲尾部はネジ構造ではない。わが国で鋳造された鋳鉄砲は図4・13から4・15に示したように、砲尾はすべてネジ構造である。これは当時、西欧では蒸気機関の発達で大型加工機による砲孔加工ができたが、わが国では水車による孔あけが行われていたに過ぎないことを物語っている。その結果、砲尾部の孔を利用して水車動力によって内面加工が行われ、その後にこの孔部をネジで止める機構になったものと筆者は考えた。しかし、加工性のよい青銅砲では図4・17と同様に一体構造になっている。その例はすでに図4・11と図4・12でも示した。材料の加工性の良し悪しと加工機械の能力の相違が、このような構造の相違をもたらした、と考える。

参考文献

石野亨『鋳物五千年の足跡』日本鋳物工業新聞社、一九九四年、六二頁
伊野近富・関廣尚世「美濃山廃寺第6次発掘調査の成果と銅溶解遺構の概念について」『京都府埋蔵文化財情報』第一一七号、二〇一二年、一—六頁
大橋周治「ヒュゲーニンの原料銑規定と砂鉄銑」『鉄と鋼』七三、一九八七年、一四四三頁
大橋周治『幕末明治製鉄論』アグネ、一九九一年、二、七〇、一二七、二五二頁
大松騏一『関口大砲製造所』東京文献センター、二〇〇五年、一三八頁

金森錦謙譯定『鐵熕鑄鑑圖　安政三丙辰冬新彫』日本科学古典全書第九巻、一九四二年、五八五頁
菊地直晃・中江秀雄ほか『日本鋳造工学会一六六回全国講演大会講演概要』、二〇一五年、四頁
窪田蔵郎『鉄の考古学』雄山閣、一九七三年、二八二頁
倉吉市教育委員会『倉吉の鋳物師』、一九八六年、二二、一九五頁
斎藤利生「幕末の佐賀藩製鋳鉄砲に対する考証上の誤り」『防衛大学校紀要』四五、一九八二年、二三一頁
斎藤利生「小金井の四十二ポンド銅砲とその考証」『防衛大学校紀要』四七、一九八三年、三〇三―三二四頁
佐賀城本丸歴史館『「大艦・巨砲ヲ造ル」――江戸時代の科学技術　開館一周年記念平成一七年度佐賀城本丸歴史館企画展』、二〇〇五年、二六、四〇頁
坂本俊奘『大砲鑄造法』、一八四〇年代（天保末期）、日本科學古典全書第十巻、三枝博音編纂、朝日新聞社、一九四四年、四六三頁
佐久間貞介『反射爐製造秘記』復刻　日本科學古典全書八（第一三巻）、朝日新聞社、一九八三年、一頁
佐久間貞介『反射爐日録抄出』日本科學古典全書第十巻、三枝博音編纂、朝日新聞社、一九四四年、五六九頁
佐々木稔「幕末・明治期の製鉄遺跡と考古学関連諸科学」『季刊考古学』一〇九、二〇〇九年、一四頁
ＪＦＥ21世紀財団『たたら　日本古来の製鉄』、二〇〇四年

芹澤正雄『洋式製鉄の萌芽（蘭書と反射炉）』アグネ技術センター、一九九一年、九頁
『大砲鋳造絵巻』佐賀城本丸歴史館所蔵、一八五〇年頃の小田原の鋳物師
俵國一著・館充監修『復刻・解説版　古来の砂鉄製錬法　たたら吹製鉄法』慶友社、二〇〇七年
東京都北区教育委員会『滝野川村　戸部家文書　調査報告書』、二〇一三年、一三頁
中江秀雄『材料プロセス工学』朝倉書店、二〇〇三年、七八頁
中江秀雄「鋳鉄鋳物の歴史」『鋳造工学』八五、二〇一三年、一三八頁
中野俊雄「幕末の鋳物の大砲（補遺）」『鋳造工学』七七、二〇〇五年、八五七頁
中山学・神谷大介『北区飛鳥山博物館研究報告』一五、二〇一三年、五九頁
日本鋳造工学会編『図解　鋳造用語辞典』日刊工業新聞社、一九九五年、七一、一六九頁
馬場永子「幕末の滝野川反射炉について」『産業考古学研究』二〇一四年一号、一六頁
本多美穂『幕末における銅製大砲の鋳造』ISHIK 二〇一二 PR―一六、二〇一二年、一三二頁
源保重『大筒鑄之圖』、一八四七（弘化四）年、国立国会図書館蔵
峯田元治・中江秀雄「江戸後期の鋳鉄製大砲」『季刊考古学』一〇九、二〇〇九年、六九頁
山川菊栄『覚書　幕末の水戸藩』岩波書店、一九七四年、七五頁
米村治太夫『石火矢鑄方傳』、一六三一（寛永八）年、所荘吉解説・青木國夫他編、江戸科学古典叢書、
恒和出版、一九八二年、九一頁
米村治太夫『石火矢鑄方傳』、一六三一（寛永八）年九月（長沼扇斗写『宝暦一二年（一七六二）牛七月）

5　反射炉による鋳鉄砲の製造

一　反射炉の位置づけ

佐賀藩の反射炉をめぐっては、金子功も大橋周治も陣内松齢による反射炉の絵（図4・9）を引用して、鋳鉄製大砲の製造に関して記している。これまでに述べたように、この絵は昭和時代初期に陣内松齢が描いたものであった。すなわち、七十年以上たってから、参考書をもとに描いたもので、必ずしも当時の姿を正確に描いているかどうかは疑わしい。陣内はこの反射炉の絵以外にも、佐賀に関連する歴史的な先端技術に関する多くの絵画を残している。

ところで、金子は独学で教員資格を取得し、山村文化研究所、金子天文台を主宰し、科学史に関する多くの書を著している。一方、大橋は東京帝国大学経済学部を卒業後、新日鉄に勤務し、その後、新潟大学商業短期大学部教授を務め、鉄鋼史に関する多くの著書がある。このように記したのは、両人共に工学(鋳造技術)を専門とはしていないことを示しておきたいためである。これに対して、筆者は長年鋳造を専門としており、この分野は最も得意とする領域である。そこで本章では少し専門的にはなるが、鋳鉄溶解炉としての反射炉と甑の利害得失を中心に記述することとした。

大橋の『鉄と鋼』の論文は、日本鉄鋼協会が洋式高炉の渡来一五〇年記念講演会を主催し、その際の特別講演のものであることを付記しておく。この論文の主旨は、当時の国産砂鉄銑(タタラ銑)で大砲ができたのか否か、である。この点に関して、大橋は『幕末明治製鉄史』で、「結局、幕末佐賀藩では約二百門以上の青銅砲と、ほぼそれに近い鋳鉄砲が製造されたらしい〔詳細は表5・1〕とするにとどめ、成功の可否の再検は後世に任せたい」としている。これを論じるには情報が不十分であると大橋は判断した、と筆者は推測している。

また、図4・9の右端にある炉を甑と考え、「踏たたら(甑)によるタタラ銑の予備製錬が佐賀藩が鋳鉄製大砲の鋳造に成功した原因があった、としたのは歴史研究上の初歩的なミスであった。筆者の鉄冶金に関する専門的知識の不足によって生じた錯誤であった」とも、大橋は『幕末明治製鉄史』に記している。筆者の見解では、この図のタタラと称される炉は、送風管が細く長すぎる。専門的な見地からは、これでは送風抵抗が大きすぎて、たたらからは十分な送風ができない。さらにまた先にも記したように、この絵は昭和時代初期に陣内松齢が描いたものであり、

	「造砲数調」(天保14年～慶応元年)		用途	「製砲記」による集計（嘉永4年～慶応3年） 砲種	嘉永4	5	6	安政元	2	3	4	5	6	～	元治元	慶応元	2・3	計
青銅砲	天保 14・15年製	36	砲台用26 稽古用10	1貫500匁目(8P)	0	1	1	0	0	0	0	0	0		0	0	0	2
青銅砲	嘉永 4・5・6年製	15	砲台用11 稽古用4	2貫400匁目(12P)	0	9	3	1	0	0	0	0	0		0	0	0	13
青銅砲	安政 4・5・6年製	136	諸組渡及稽古用(野戦砲)	5貫目(24P)	3	12	0	0	0	0	0	0	0		0	0	0	15
青銅砲	元治元年製	16	長州追討用	15貫500匁目(80P)	1	7	6	1	0	0	0	0	0		0	0	0	15
青銅砲				28貫目(150P)	0	2	0	0	0	0	0	0	0		0	0	0	2
青銅砲	計	203			4	31	10	2	—	—	—	—	—	—	—	—	—	47
鉄製砲	24P(安政4～6年)	11	砲台用	24ポンド	0	0	1	23[1]	7[2]	5	2	0	0	0	0	0	4	42
鉄製砲	30P(安政2～3年)	24	公儀御用	30ポンド	0	0	0	13	0	0	3	8	5	0	0	0	0	29
鉄製砲	36P(嘉永5年以降)	58	内公儀用25 阿波藩5 対島藩2	36ポンド	0	14	13	19	6[3]	0	4	1	0	0	0	0	0	57
鉄製砲	80P(安政4～6年)	8	砲台用8 稽古用2	80ポンド	0	0	0	0	0	5	0	0	0	0	0	0	0	5
鉄製砲	150P(安政3年)	3	公儀献上	150ポンド	0	0	0	0	0	0	0	0	3	0	0	0	0	3
鉄製砲				アームストロング	0	0	0	0	0	0	0	0	0	0	1	2	0	3
鉄製砲				その他	1	1	1	3	0	0	0	0	6	0	5	3	35	55
鉄製砲	計	104		計	1	15	15	58	13	10	9	9	14	～	6	5	39	194

表5・1　天保4（1833）年～安政6（1859）年の佐賀藩の製砲数（大橋）
『佐賀藩銃砲沿革史』，324–344頁より作成

そもそも信憑性に欠けると言わざるを得ない。残念ながら、大橋はこの絵が江戸時代に描かれたものとして議論を進めた、と推察される。

　また、大橋は『鉄と鋼』でわざわざ奥村正二の名前を挙げ、奥村説を高く評価している。奥村説とは、「鋳鉄製の大砲が試射に耐えるには和銑を溶解したのでは不可能で、これに対して高炉銑は十分に還元されているため、スケルトン発生の恐れがなく、よく煉れた湯が得られる」との説である。ここでスケルトンとは、和銑を反射炉で溶解すると表面部が酸化されて表面部の融点が上昇し、内部だけが溶解される現象を指している。これは、筆者にも十分に理解できる考え方である。さらにまた、佐賀藩の成功の原因が電流丸の荷下鉄（バラスト）

図5·1　パドリング作業をする人形
（大橋）

の使用にあったのであろうと、輸入銑使用によるものと断定しても誤りではあるまいとも紹介している。この点に関しては後で検討する。

奥村は自身の著書で、「史家の中には幕末に築造された反射炉をもって製鉄炉の進歩と誤信し、甚しきに至ってはこれをパドル法の輸入であると解するものもあるが、これは単なる溶解炉であって、銑、青銅等を溶解して鋳鉄砲を得んとした輸入蘭学の一応用である」としている。大橋によると、パドル法とは図5・1に示すように、小型の反射炉で銑鉄を溶解し、これに鉄鉱石を添加・攪拌（パドリング）して炭素を取り除き鋼にする方法で、転炉が発明される以前の西欧の鋼（錬鉄）を得る手法であった。この図は人形で作業する様子を示しており、パドリング炉の大きさがわかる。また、図の左上には太い煙突が見える。これが反射炉の煙突であり、人形は錬鉄を掻き回している。作業はすべて人力であり、大きな鋼塊は造ることができなかった。

二　荷下鉄

これまでに、わが国では荷下鉄に関する詳細な議論はなされていない。筆者は大砲と荷下鉄に関するサムエルズの論文（「小型帆船エンデバー号からの鋳鉄遺物の金属組織学」）を見つけたので、ここに紹介する。サムエルズは、一七七〇年に沈没し、一九六九年に引き揚げられたエンデバー号の大砲と荷下鉄の調査を行った結果を論文に取りまとめている。この論文では図5・2に示した引き揚げられた鋳鉄製の大砲と、荷下鉄（バラスト）の詳細な金属学的な調査が行われている。鋳鉄砲は片状黒鉛鋳鉄で完全なパーライト基地であるが、荷下鉄は白鋳鉄であった。これらの化学組成は表5・2に示した通りであり、両者のケイ素（Si）含有量が大きく異なることがわかる。これは何を意味しているのであろうか。

また、エンデバー号の船長はかの有名なキャプテン・クックで、「世界一の船乗り」と呼ばれている船長である。クックは一七六九年十月六日にヨーロッパ人として史上二番目にニュージーランドに到達している。エンデバー号は一七七〇年四月二十日に暴風で流され、オーストラリア大陸の南東海岸に位置する岬に上陸した。史上はじめて、ヨーロッパ人としてオーストラリア大陸の東海岸に到達したのである。その後、この船は一七七〇年六月十日にケアーンズ沖でサンゴ礁に乗り上げ座礁し、二百年後の一九六九年一月に引き揚げられた。そこには、大砲や荷下鉄な

図 5·2　エンデバー号の大砲（口径 100 mm，全長 1.8 m，Samuels）

	C	Si	Mn	S	P	Ti	Cu	V
大砲	3.5	0.5	1.1	0.03	0.6	0.04	—	—
荷下鉄	3.01	0.01	0.25	0.03	1.17	0.005	0.02	0.007

表 5·2　大砲と荷下鉄の化学組成（%）
（Samuels）

どがあった。これらの調査がサムエルズによってなされたのが本論文である。

高炉によるねずみ銑の製造は、白銑の製造に比べて炉内温度を上げて、ケイ酸をケイ素に還元させる必要がある。これには大量の木炭やコークスが必要で、その分だけねずみ銑は白銑に比べて高価になる。しかし、荷下鉄は重さがあれば船舶の安定化という機能を満たすので、ねずみ銑よりも安価な白銑が用いられ、大砲の鋳造には高価なねずみ銑が用いられた、と考えるのが妥当であろう。すると、佐賀藩が輸入した電流丸の荷下鉄とはいかなるものであっただろうか。佐賀藩はこの点に気付いており、ねずみ銑の荷下鉄を注文した、と考えざるを得ない。

エンデバー号の鉄は硫黄含有量がきわ

めて少なく、サムエルズは木炭高炉で製造されたものであろうと推定している。一方、大砲の燐（P）含有量が幾分高めであるのは機械的性質を得るために添加された、とも推察している。また、大砲と荷下鉄の化学組成が異なるのは、その目的に応じて銑鉄を使い分けていたのであろう、とも記している。この考え方は、上記の筆者の考えに一致する。

三　反射炉と甑による鋳鉄溶解

さて、本題に入ろう。当時、反射炉で和銑（タタラ銑）を用いて、片状黒鉛鋳鉄製の大砲が製造できたのであろうか、という疑問に対する筆者の答えである。そこで、ここでは反射炉と甑による鋳鉄砲の製造の可能性を探ってみたい。

一方で図4・13〜図4・15で示したように、一八四四（天保十五）年に川口の鋳物師・増田安二郎が茂原で四百目筒の鋳造（鋳鉄砲：大中小の三門）と、一八五三（嘉永六）年に安乗神社の鋳鉄砲の鋳造に成功している。これらは小型の大砲ではあるが、和銑を甑で溶解して鋳鉄砲の製造に成功していたことは、興味深い事実である。この点の理論的な考察は後述する。

反射炉の操業に関し、斎藤大吉は明治の冶金教科書で、「反射炉では炉中に金属の全部或いは主要部分を装入し、総ての戸を閉じたる後、火床に點火するものとす。その金属の熔融の際に起こるべき化學的変化あり。即ち、鑄鐵にありては其満俺（マンガン）の約2分の1、ケイ素の約3分の1を失い、炭素も亦、前兩者の大部分酸化し去るに及び漸次燃焼す可し、然れ共満俺多き時は、大にケイ素及び炭素の燃焼を妨ぐるとを得べし。又青銅にして……」としている。反射炉では炭素やケイ素含有量が減少することを記している。

芹澤正雄の『洋式製鉄の萌芽』には、「反射炉では鉄が火炎や空気に触れて脱炭する。速やかに溶解する時は、脱炭が過度にならず、鉄は緻密となり、かつ、適宜の粘稠性を持つ。溶解が数度におよぶと、薄い灰色の細粒がそろい、錬鉄のように見え、車輪や銃砲の鋳造に適する。しかし、しばしば行うと脆弱となる」とあり、溶解によって脱炭が進行することを示している。

日本鋳造工学会の初代会長を務めた石川登喜治（呉海軍工廠造機中将）は、反射炉は屑金の精錬および大塊の古地金をそのままに溶解するか、または一時に多量の溶金を要する場合にはこれに限るが、「酸化減耗大にして品質的に劣り」あまり経済的なものではない、としている。

他方、奥村正二は西洋で反射炉が造られた目的は燃料としての石炭利用にあったとする。これに対して、幕末の反射炉は必ずしも石炭利用を第一義としていない。まずは青銅砲の鋳造を行い、さらに進んで鋳鉄砲の鋳造を目指している。しかし、結果的にそのほとんどが青銅砲製造の段階に終始し、鋳鉄砲に成功したのは佐賀藩だけとしている。

奥村は、幕末の反射炉とは日本の鉄鋼技術にとっていったい何であったのか、この点の評価を下した文献はきわめて稀である、とした。しかも、当時の反射炉が到達した温度は摂氏一二〇〇度が精一杯だ。しかしながら、反射炉では大量の溶湯が得られるので、大量の錬鉄を得ることを目的にしたのではなかろうか、と結んでいる。

さらに奥村は、「藤田東湖が大島高任を小石川の水戸藩邸舎に招き大砲製造について歓談した、その内容は以下のようなものであった。大砲を造るには、砂鉄を原料にタタラ炉で造ったタタラ銑(和銑)では駄目、岩鉄を原料に高炉で造った高炉銑(洋銑)でなければならぬ」としている。「これが大島高任をして高炉の建設に向かわせた」というのである。

一八五七(安政四)年に大島高任は高炉での銑鉄製造に日本で初めて成功し、日本が洋式製鉄へ踏みだす契機となった、とも記している。高炉銑を反射炉で溶解すると適度な脱炭によって、大砲の鋳造ができたとしている。しかし、銑鉄中のケイ素に関しては奥村はまったく言及していない。

大橋周治は、東大名誉教授の館充の見解を次のように紹介している。「単に緩冷によってねずみ銑としたのでは、反射炉で再溶解するとまた脱炭により白銑化するのであり、製品そのものを緩冷する必要がある。反射炉では燃料の完全燃焼によって酸化性のガスが生成されるので、被加熱物は酸化をうけて脱炭され、低炭素化がおこる。従って元々、ケイ素をほとんど含有せず、しかも炭素含有量の低い白銑である「タタラ銑」を反射炉で溶解すると、ますます低炭素となって、その溶湯は鋳砲に適しない性質を帯びやすい鉄となる」。これに加えて、館は甑による溶解にも言及し、甑内では加炭が行われると考え、石野亨の報告を引用して、ケイ素量が少なくても炭素量が四パーセント以上でねずみ鋳鉄が得られている例を挙げている。

筆者は、R・A・フリンによる欧米の代表的な鋳造の教科書の中に、反射炉溶解では二・〇〜三・〇パーセント炭素材（鋳鉄）での脱炭量は〇・一〜〇・五パーセントになる、と記されているのを見つけた。このようにみてくると、反射炉による鋳鉄の溶解は脱炭を伴うことになる。そこで、明治以降では反射炉が主に可鍛鋳鉄の溶解炉として用いられたのであろう。すると、ケイ素含有量のきわめて少ないタタラ銑を反射炉で溶解しても、白鋳鉄しか得られなかったと結論づけることができる。西欧での反射炉による鋳鉄砲の成功の主因は、炭素・ケイ素含有量の多い高炉銑の使用にあったと考えられる。これは、先に記述した大島高任の考え方そのものである。したがって、反射炉では青銅の溶解には問題が少なく、江戸時代には主として青銅砲の製造に用いられていたことが理解できる。

一方、反射炉では溶解した金属の温度が低く、炉内温度を向上させる必要が生じた。そこで、反射炉の炉内温度の向上を目的とし、炉に送る空気を温める送風予熱装置を備えた平炉へと発展することになる。明治時代には、この平炉が鋼溶解に用いられるようになる。

四　和銑の甑での溶解

第四章で記したように、増田安治郎は甑で鋳鉄砲の製造に成功していた。これは何を物語るのであろうか。反射炉では、溶解することで装入材中の炭素量が減少する。一方、図4・13で示し

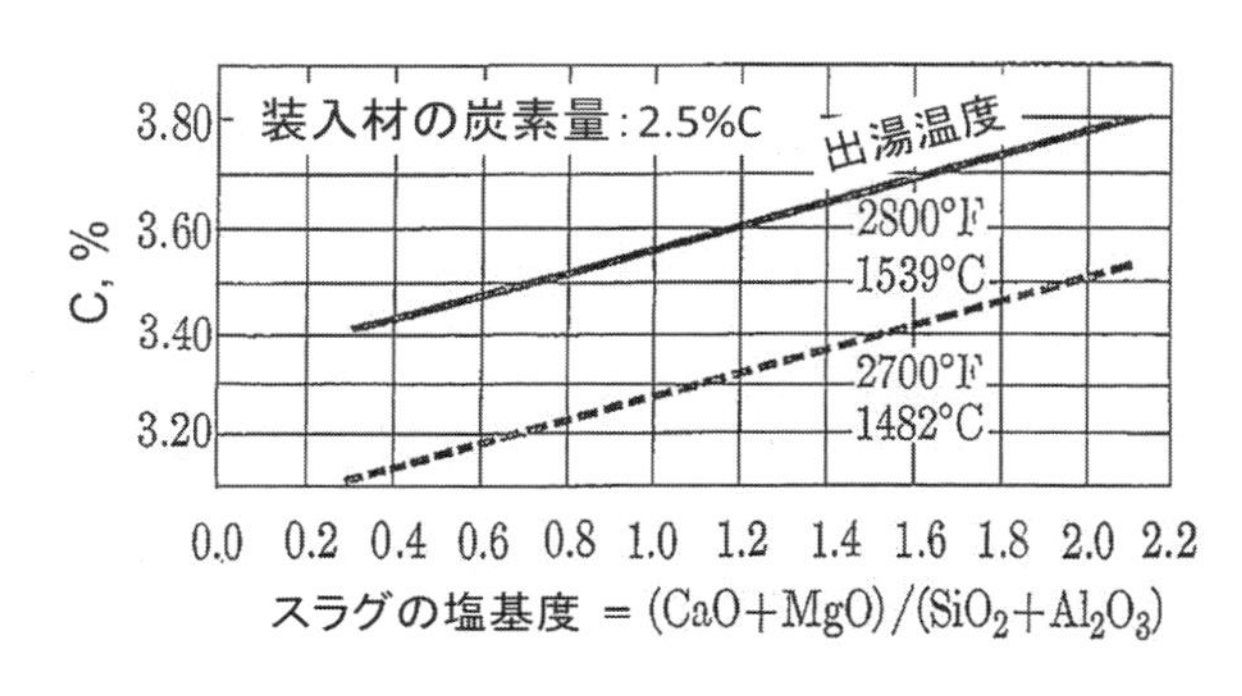

図5·3　キュポラ溶解で得られる溶湯の炭素量（Flinn）

たように、増田安治郎は甑を用いて和銑で鋳鉄製大砲の鋳造に成功した。これは溶解による炭素量の増加が主因と考える。そこで、キュポラ（甑の現代版）で溶解に伴う装入材の炭素量の関係を出湯温度、スラグの塩基度で示した。フリンのデータを図5・3に示す。江戸時代での甑による出湯温度を摂氏一四五〇度程度と考えると、甑での溶解で溶湯中の炭素量は約〇・八パーセント増加することがわかる。したがって、同じ材料を繰り返し溶解することで、炭素量を四・四八パーセントまで増加させることはきわめて容易である。このことを増田安治郎は熟知しており、鋳鉄製の大砲の鋳造に成功したのではなかろうか。

しかし、ここにケイ素量の問題が残る。フリンは図5・3の炭素量のデータと同時に、キュポラ（甑）溶解によるケイ素量の変化も示している。それによると、キュポラでは溶解によってケイ素量は常に減少することを示している。したがって、甑による繰り返し溶解でケイ素量の増加は期待できないことがわかる。ちなみに、安乗神社の大砲の化学組成は

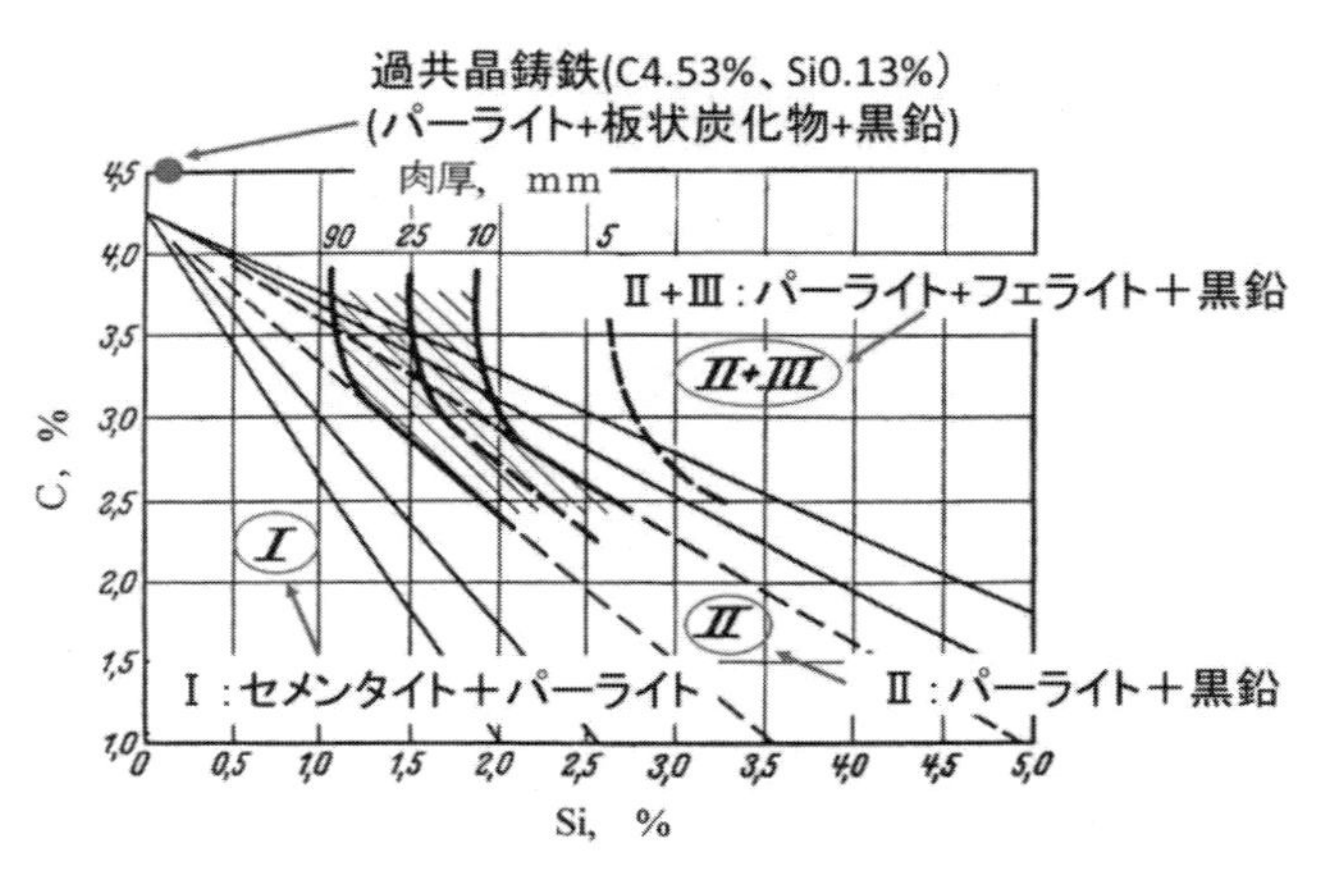

図5·4　マウラーの組織図
(Piowarsky)

四・四八パーセント炭素、〇・一三パーセントケイ素であり、この推察が的を射ていることを示している。

鋳鉄鋳物の組織と化学組成（炭素量とケイ素量）の関係を示した著名な図がある。それが前章でも言及した「マウラーの組織図」である（図5・4）。ここには、肉厚五～九〇ミリメートルの鋳物に黒鉛が現れ、しかも基地組織がパーライトである成分範囲が示されている。この図によると、肉厚九〇ミリメートルの鋳物では、最適化学組成は三・七パーセント炭素、一・一パーセントケイ素であることがわかる。

この図に安乗神社の大砲の化学組成の点を表示すると、図中左上に位置し、これまでの鋳鉄鋳物屋の常識では黒鉛は現れないことになる。しかし、現実には図4・16に示したように、パーライト基地中に大きな片状黒鉛が現れている。この結果は

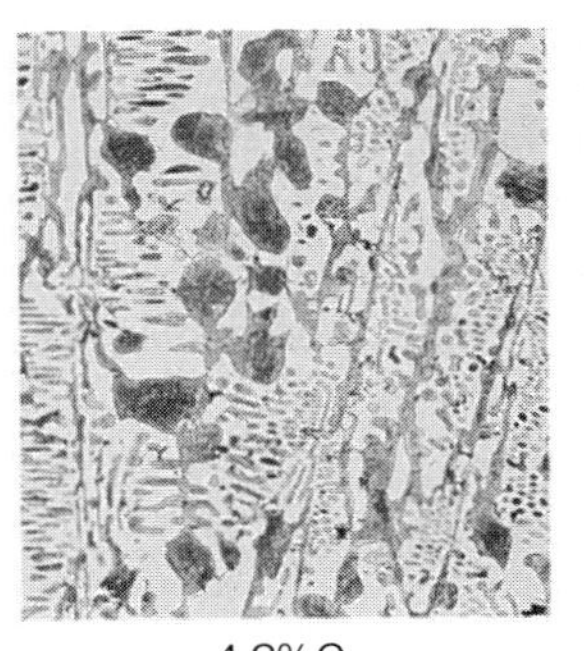
4.2%C

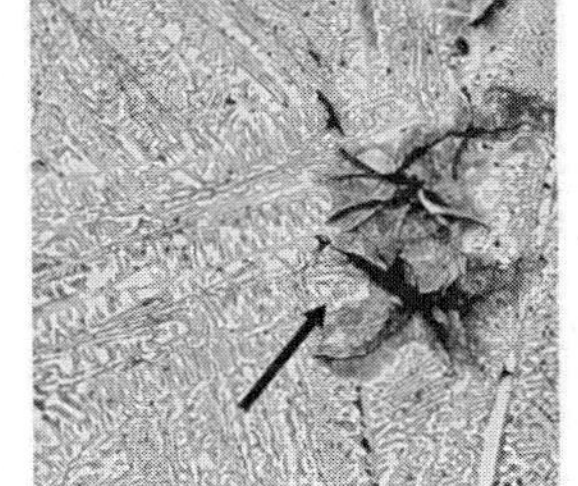
4.31%C

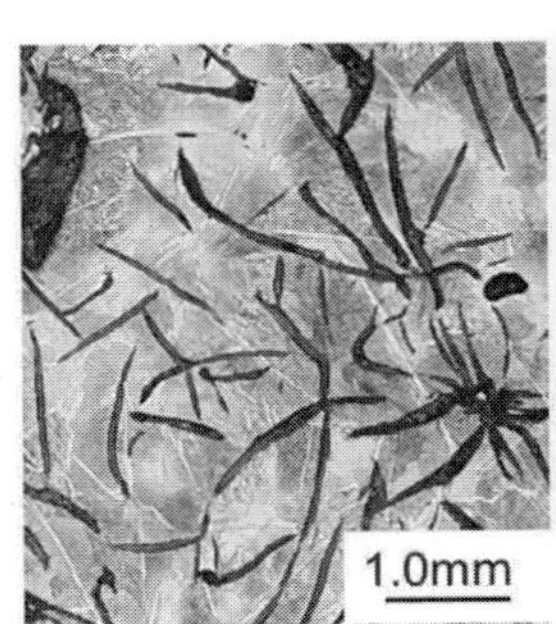

4.53%C

図5·5　0.13% Si 鋳鉄の黒鉛晶出に及ぼす炭素量の影響
（菊地，中江）

従来から鋳鉄鋳物屋の常識を完全に覆すものであったが、先に記述したように、石野は江戸時代の鋳鉄鋳物にも、和銑を用いても黒鉛が生じている例を紹介している。この場合にも、やはり炭素量は四・四パーセント程度である。

五　実証実験

そこで筆者らはこの事実を証明するため、以下のような実験を試みた。実験は五〇キログラムの高周波誘導炉を用い、安乗神社の大砲の成分に似せて、炭素量だけを三・九～五・一パーセントに変化させる溶解を行った。その結果、図5・5に示したように、炭素量が四・三パーセントを超えると黒鉛が出始め（矢印で示した）、四・五パーセント超の試料では完全に黒鉛が現れることを確認した。この実験で、江戸時代の川口の鋳物師・増田安治郎は甑で和銑を繰り返し溶解し、炭素量を高めた状態で鋳鉄砲に鋳造していたことが明らかとなった。増田はこの技法を機密とし、鋳鉄砲の製造を独占したのではなかろうか。

この点に関して大橋は水戸藩史料を引用し、次のように記述している。「増田安治郎の場合は、嘉永三(一八五〇)年から三年間と、安政三(一八五六)年からの三年間にわたって、合計二一三門の大砲(うち鋳鉄砲九門)と、四万一三二三発の砲弾を鋳造して巨満の富を築いた。その納入先は、北は津軽藩から西は肥後藩まで、日本全国にまたがったとされる」。幕府や有力藩が全力を挙げて挑んだ反射炉では鋳鉄砲の製造ができずに終わったが、川口の鋳物師が甑を使って鋳鉄砲の製造に成功していた事実は、やはりきわめて興味深い。

参考文献

石川登喜治『鑄造法〔改訂版〕』共立出版、一九四三年、五九頁
石野亨『鑄造　技術の源流と歴史』産業技術センター、一九七七年、二八一頁
石野亨『鋳物五千年の足跡』日本鋳物工業新聞社、一九九四年、一五八頁
大橋周治『幕末明治製鉄史』アグネ、一九七五年、四三頁
大橋周治『鉄の文明』岩波書店、一九八三年、五七頁
大橋周治『鉄と鋼』七三巻、一九八七年、一四四三頁

大橋周治『幕末明治製鉄論』アグネ、一九九一年、五〇、五一、五八、二五二頁
奥村正二『小判・生糸・和鉄』岩波新書、一九七三年、一八二、一八五頁
金子功『反射炉Ⅰ』法政大学出版局、一九九五年、九二頁
菊地直晃・中江秀雄ほか『日本鋳造工学会一六六回全国講演大会講演概要』、二〇一五年、四頁
斎藤大吉『金属合金及其加工法』中巻、丸善、一九一一年、九六頁
L. E. Samuels: The metallography of cast iron relics from the Bark *Endeavour*, *Metallography* 13, 1980, p. 345
芹澤正雄『洋式製鉄の萌芽（蘭書と反射炉）』アグネ技術センター、一九九一年、二八頁
中野俊雄「幕末の鋳物の大砲（補遺）」『鋳造工学』七七、二〇〇五年、八五七頁
R. A. Flinn: *Fundamentals of Metal Casting*, Addison-Wesley Pub., 1963, p. 273
E. Piowarsky: *Gusseisen*, 2 Auflage, Springer-Verlag., 1951, p. 58

6　わが国の鉄──幕末の銑鉄と鋼

一　タタラから高炉へ

わが国の製鉄は、六世紀後半から七世紀頃にタタラで始まり、明治の中頃までは**タタラ**を中心に行われてきた。この点に関しては、後述の表6・5で大橋周治が示しているように、国内で高炉銑の生産量がタタラ銑を上回ったのは、一八九四（明治二十七）年頃にすぎない。この時期は釜石でのコークス高炉の導入と一致している。

タタラは高炉に相当する炉で、鉄鉱石（タタラの場合には砂鉄）を鉄に還元する製錬炉である。タタラと高炉の関係については、その概要はすでに第四章一節で示した。しかし、タタラではケイ素（Si）含有量の高い銑鉄が得られず、鋳鉄製大砲の鋳造には不向きであった。そこで、幕末からはケイ素含有量の多い銑鉄の製造を目的として、木炭高炉が導入された。この点に関して、岡田廣吉は「一八五三〔嘉永六〕年に、大島高任が藤田東湖に、反射炉で鋳造する鋳鉄製大砲用の銑鉄には鉄鉱石から製造した銑鉄（高炉銑）が必要なことを説明している」と記している。

また、第四章で佐久間貞介の『反射爐製造秘記』を引用したように、水戸藩の製鉄の技術指導の任にあったのが大島高任で、彼は反射炉で鋳鉄製の大砲がうまくできない原因がタタラ銑にあることに気付き、高炉の建設に向かったのであり、これがわが国における「鉄は国家なり」の始まりであった。

大島は反射炉での鋳鉄砲の鋳造失敗か

年代区分		C	Si	Mn	P	S	
幕末～明治初	A—1	3.80	0.52	0.09	0.135	0.085	
	A—2	4.03	0.42	0.05	0.114	0.018	
	A—3	3.99	0.23	0.08	0.073	0.022	
	A—4	4.42	0.63	0.12	0.081	0.030	
明治 20 年頃※	B—1	1.85	4.58	0.21	0.09	0.05	
明治 28 年頃	C—1	2.52	4.49	0.286	0.082	0.062	↓コークス高炉
	C—2	3.39	1.09	0.122	0.095	0.234	
明治 31 年	C—3	3.05	3.30	0.34	0.192	0.03	
明治 30 年代半ば以降	D—1	4.47	2.82	0.40	0.13	0.03	
	D—2	3.28	1.96	0.33	0.13	0.06	
	D—3	3.20	2.18	0.35	0.13	0.02	
	D—4	2.93	1.41	0.39	0.12	0.05	
	D—5	3.57	3.85	0.54	0.16	—	
	D—6	3.46	2.66	0.53	0.15	0.027	
	D—7	3.46	1.39	0.35	0.12	tr	
	D—8	3.18	1.10	0.37	0.10	0.02	

備考：A は大島型高炉によるもの，B 以下は田中製鉄所製。A 以外は鼠色 1 号，同 2 号銑の値。
tr は痕跡。 ※不思議な値で，引用間違いと考える。

表 6·1 明治時代の釜石高炉銑の化学組成，%（中岡・三宅）

ら高炉銑の必要性を理解し、これがもとで釜石に高炉を建設したのである。しかし、この時代の高炉は木炭を燃料としており、炉内の温度が上がらず、大砲の製造に使用できるような高ケイ素銑鉄は得られなかった。やがて、一八九四(明治二十七)年には釜石の田中製鐵所が木炭に代ってコークスを燃料に使用したコークス高炉を完成させ、所期の目的が達成できたのである。

この点を明確にする目的で、明治時代のわが国の釜石高炉銑の化学組成について、時系列的に**表6・1**に掲げる。これより、明治二十八年以降に銑鉄中のケイ素含有量が急増・安定してきたのがわかる。これがコークス高炉導入の成果である。その後、一九〇一(明治三十四)年に建設された官営八幡製鉄所でもコークス高炉の操業が開始される。ただし、**表6・1**は釜石銑に関する統計であり、八幡製鉄所の銑鉄生産量は含まれていない。この辺の事情はあらためて第八章で詳細に記述したい。

二　銑鉄、铸鉄と鋼

幕末から明治にかけてのわが国を取り巻く鉄鋼事情の理解の一助として、タタラと銑鉄、鋼に関する基礎的な事項から話を始めよう。古来、わが国の鉄(鋼と銑鉄)はタタラにより製造されてきた。しかし、鉄に関する用語は現在と明治時代、江戸時代では大きく異なっており、その正確な記述はきわめて難しい。否、不可能に近い。これは鉄に関する呼び方が、時代や地方によって大きく異なっており、これら用語の複雑さが、われわれ工学を専門とする者の理解を妨げてきたからである。

そこでまずは、現代の専門用語で解説する。鉄は大きく分けて鋼と鋳鉄（銑鉄）に分類されている。これらはいずれも鉄と炭素の合金であり、含まれる炭素量が二パーセント以下のものを鋼、それ以上のものを鋳鉄としている。そして、炭素量がごく少なく、炭素以外の不純物量が少ないものを純鉄と称する。現在では、銑鉄は主に高炉で鉄鉱石から製造されるものを指し、これに鋼などを加えて溶解し、鋳物にしたものを鋳鉄という。

先に、鋼は鉄と炭素の合金であると記述した。正確にはこれを炭素鋼という。さらに、炭素鋼は含まれる炭素量によって、〇・八パーセント以下のものを亜共析鋼、それ以上のものを過共析鋼、ちょうど〇・八パーセントのものを共析鋼と呼ぶ。これに対して、炭素以外の主要な合金元素、例えば、クロムやモリブデンなどが数パーセント以上含まれるものを合金鋼、あるいは特殊鋼という。例えば、クロム・モリブデン鋼などと称する。この合金鋼にはステンレス鋼や耐熱鋼なども含まれるが、これらは合金元素の量が多いため、高合金鋼ともいう。

鋳鉄は炭素量が四・三パーセント以下のものを亜共晶鋳鉄、それ以上のものを過共晶鋳鉄という。しかし、共晶組成のものを共晶鋳鉄と呼ぶことはない。不思議な慣習である。鋳鉄の場合にも鋼と同様に合金鋳鉄がある。また、炭素が黒鉛として晶出したものをねずみ鋳鉄（現在ではこれを片状黒鉛鋳鉄という）、炭素が鉄と化合したものを白鋳鉄という。鋳鉄は速く冷却すると白

図6·1　楔型試験片内での白鋳鉄とねずみ鋳鉄

鋳鉄に、ゆっくり冷却するとねずみ鋳鉄が得られる。この代表的な例として、楔形試験片の割った破面を図6・1に示す。

この図では、左から右に行くにつれて鋳物は薄くなっている。この形が楔に似ていることから、これを楔型試験片と称するが、一つの試験片で場所によって肉厚が異なり、その結果として薄肉部ほど早く固まる。そこで、この試験片は、通常の鋳鉄鋳物の白銑化の検出に用いられている。右側の肉厚の薄い部分は白く、肉厚が厚い左に行くとねずみ色になっているのがわかる。これが白鋳鉄とねずみ鋳鉄であり、白鋳鉄からねずみ鋳鉄への遷移である。すなわち、同じ化学組成の鋳鉄でも、肉厚が薄い部分は短時間で急速に固まるので白鋳鉄になり、ゆっくり固まる箇所はねずみ鋳鉄になりやすいことがわかる。図6・1では肉厚五ミリメートル以下は白鋳鉄で、それ以上（図では左側）はねずみ鋳鉄になっている。

ただし、これは現在用いられている一般的な鋳鉄である。昔の鋳鉄では、先に記述したようにケイ素含有量がきわめて少なく、全体が白い破面を呈する。これも白鋳鉄である。

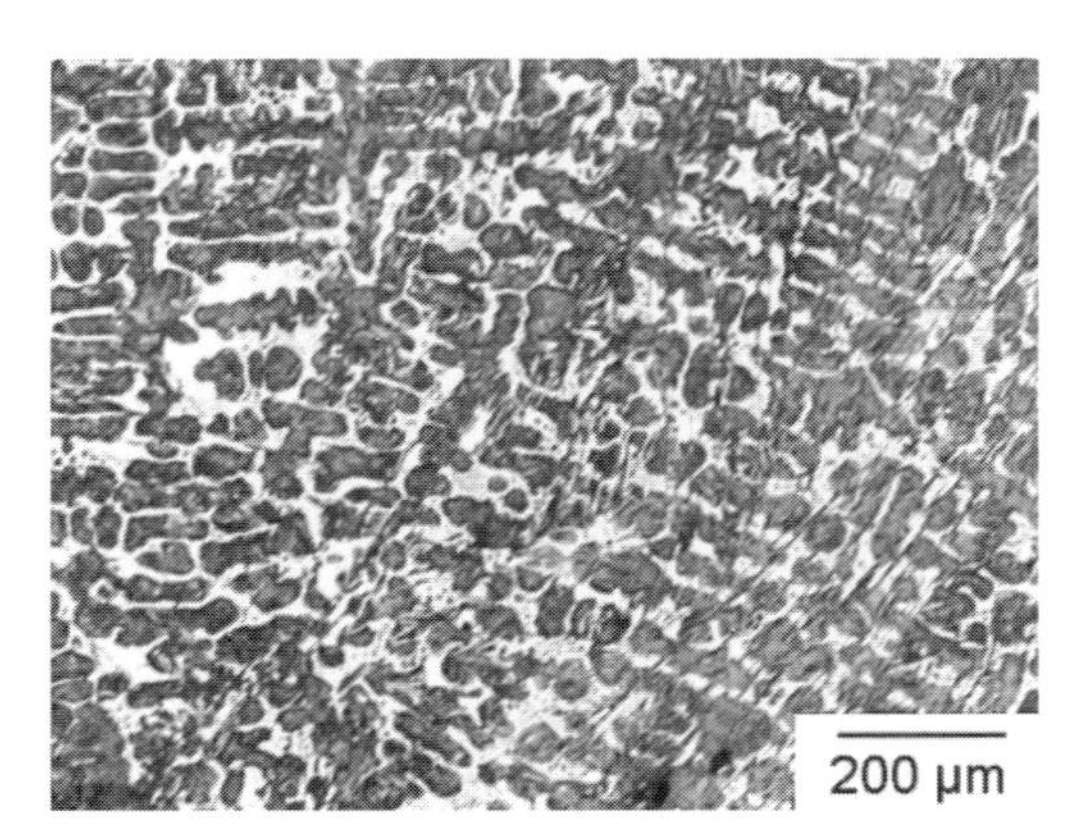

図6·2　白鋳鉄の金属組織

破面がねずみ色のものをねずみ鋳鉄といい、白鋳鉄とはその破面が真っ白なことに対する呼び名である。通常は、白鋳鉄は非常に硬く脆いので、鋳鉄鋳物としては好ましくない。したがってねずみ鋳鉄という用語には球状黒鉛鋳鉄も含まれるので、不正確であり、正しくは片状黒鉛鋳鉄を用いる。鋳鉄と同様の化学組成でも、高炉（溶鉱炉）から出たものを銑鉄（鋳物の原材料）と呼び、鋳物にしたものを鋳鉄と呼び、両者を区別している。さらに、黒鉛の形が片状のものを片状黒鉛鋳鉄、球状になったものを球状黒鉛鋳鉄、黒鉛が出ていないものを白鋳鉄という。さらにまた、白鋳鉄を熱処理し、鉄と炭素の化合物（これをセメンタイトという）を分解させて黒鉛化させたものを可鍛鋳鉄という。

図6・2に白鋳鉄の金属組織を、図6・3に片状黒鉛鋳鉄（ねずみ鋳鉄）の金属組織を示す。図6・2で白く見える箇所がセメンタイトで、灰色に見えている箇所はパーライトと称される鋼の一般的な組織である。これに

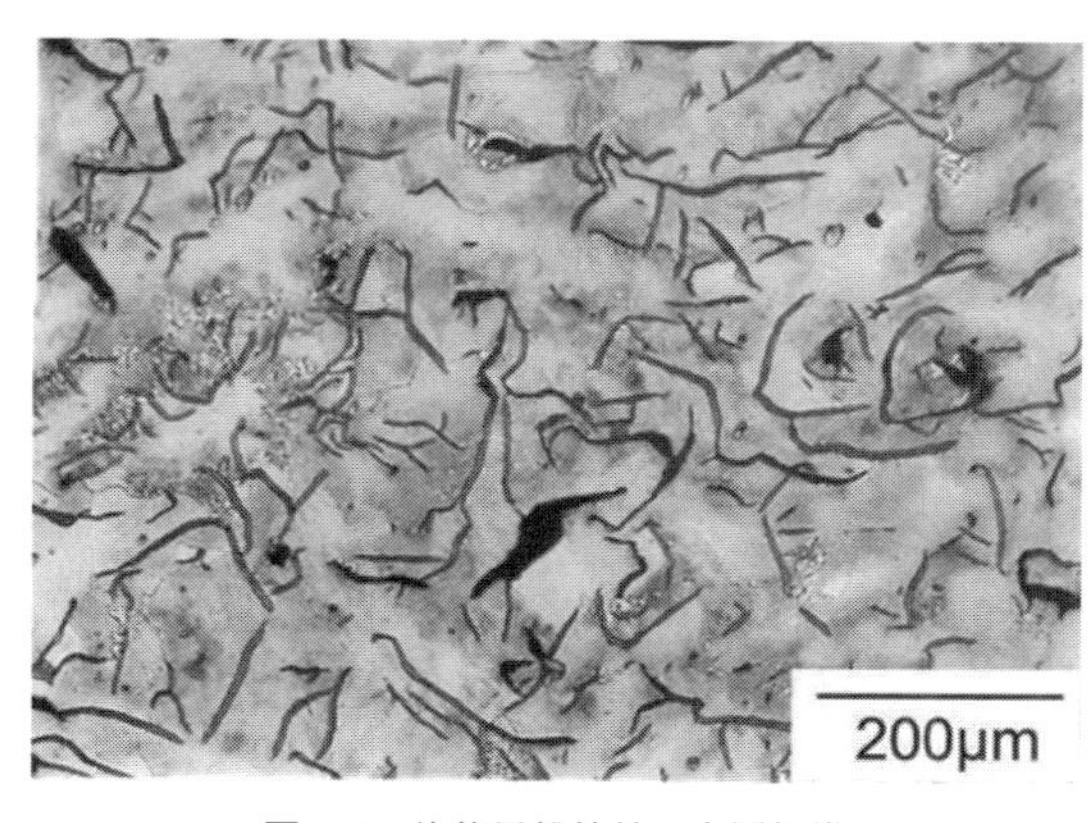

図6·3　片状黒鉛鋳鉄の金属組織

対して、図6・3では黒く細長いものが見える。これが黒鉛で、片状に見えることから片状黒鉛と呼ばれている。片状黒鉛の周囲の鉄部は通常はパーライトと呼ばれる鋼と同等の組織である。

　話を鉄全般に戻す。時代や場所によって鉄の呼び名が大きく変わることが多く、しかも現在とは大きく異なっている。したがって鉄の名称を正確に分類することは不可能に近い。そこで、明治時代の鉄（鐵）の分類を参考にすることとし、これを表6・2に示す。ここでは鋼を可鍛鉄と呼んでいる。鍛造できる鉄の意味である。これに対して、鋳鉄や銑鉄を銑（鑄鐵）といっている。

　さらに、可鍛鉄は鎔鋼（溶解して得た鉄、の意味）と錬鉄に分けられている。鋼は溶融温度が高いので、日本では、江戸時代まではこれを溶かすことができず、完全には溶解されていない状態で製造した鋼を総称して錬鉄と呼んだ。また、銑鉄から炭素を除去して鋼化した包丁鉄（ほうちょうてつ）や、あるいは前記のタタラで造られた鉧（けら）（鋼）も

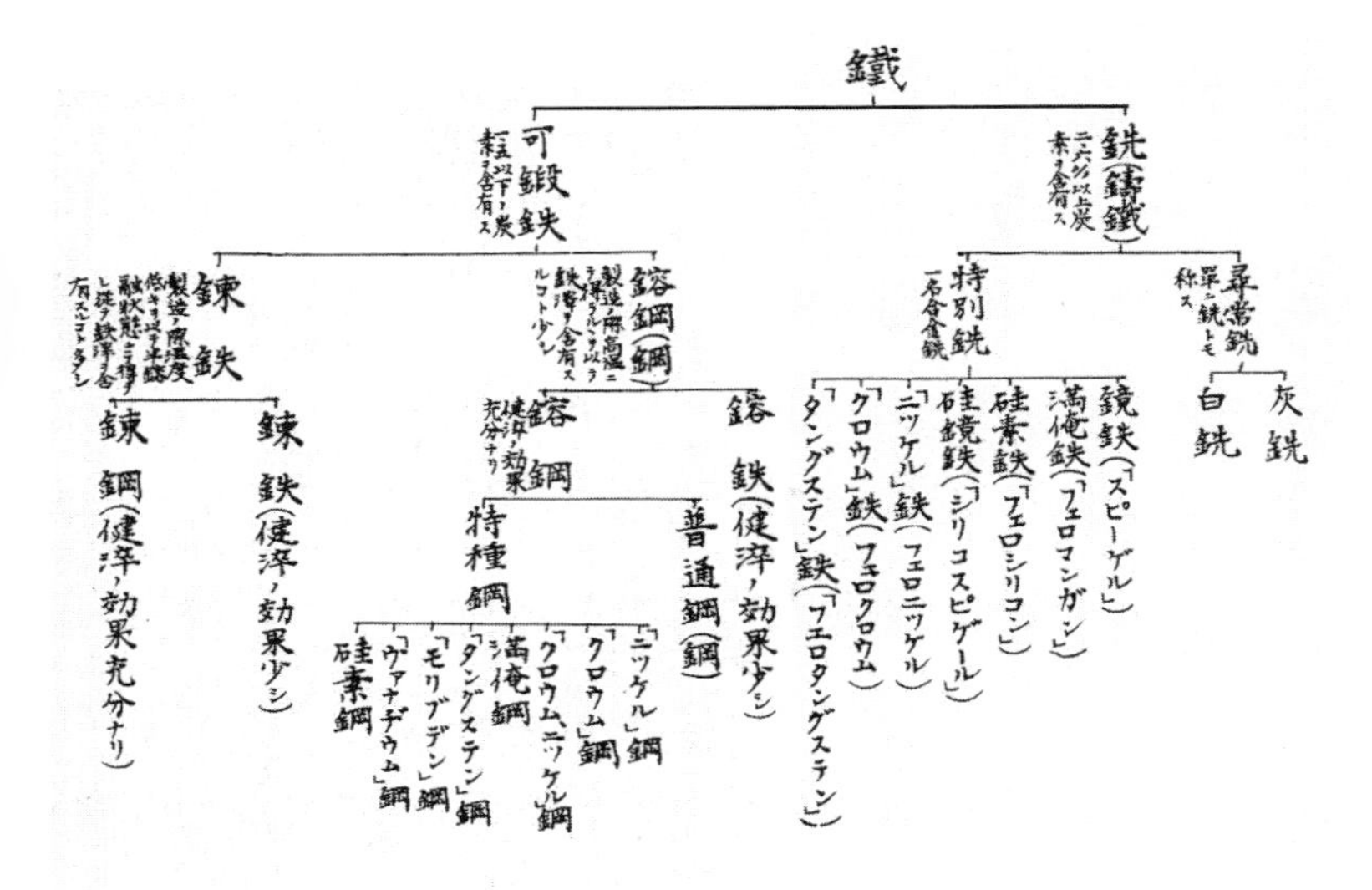

表 6·2　明治時代の鉄鋼の分類と名称（『大正 13 年　工藝學教程』）

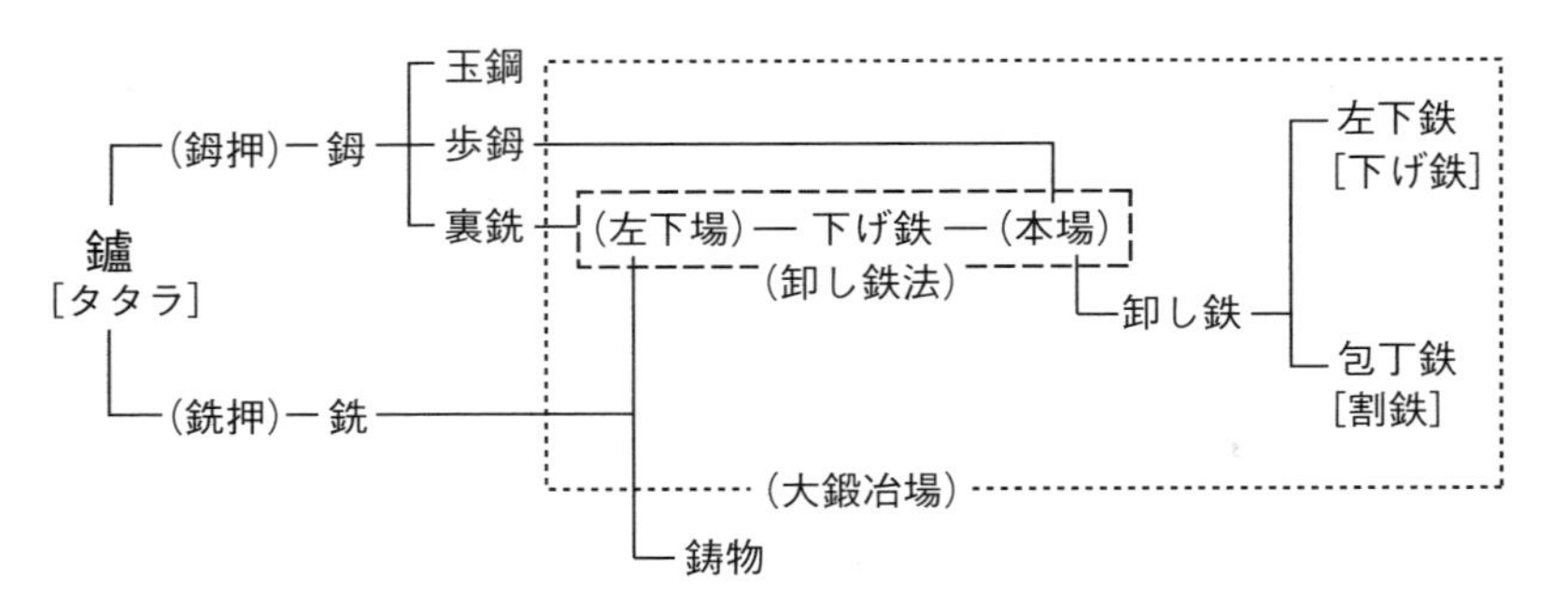

ここで，()：製造法，［　］：別名を示す。

表 6·3　タタラ操業と後処理で得られた鉄の名称と製造法

錬鉄である。もちろん、玉鋼やパドル鋼*もこの範疇に属する。

＊パドル鋼は、小型の反射炉で銑鉄を溶解し、これに酸化鉄や鉄鉱石を混ぜて掻き回す（これをパドリング、という）と、炭素が酸化除去され鋼になる。すると、鋼の融点は高いので、いわばシャーベット状（固体と液体の混合状態、半溶融状態）になる。そこを攪拌するので、練った鉄、すなわち錬鉄とも称した。

銑（鑄鐵）は尋常銑と特別銑に分類されており、合金元素をたくさん含んだ銑鉄を特別銑としている。尋常銑は黒鉛の晶出のいかんで、灰銑（ねずみ鋳鉄）と白銑（白鋳鉄）に分けている。ことほどさように、時代によってその呼び方が大きく異なっている。さらに古くは、鋼を鉧（けら）、銑鉄を銑（ずく）と称する。また、国産の鉄を和鉄と称し、輸入鉄（洋鉄）と区別した。

江戸時代のタタラ操業で得られる鉧の中心部の高品質の鋼を、明治の中頃以降は玉鋼と称し、日本刀などの原料とし、質の悪いものを歩鉧（ぶげら）として区別した。これらの関係をまとめて表6・3に示す。ここで裏銑（うらずく）とは、これらの鉧の下部に付着した銑を称した。そして、この裏銑や銑を鋼としたものを卸鉄（おろしがね）（卸し鉄）と称し、これを左下鉄（さげがね）と包丁鉄（庖丁鉄）に分類している。この鋼にする作業は、先に記述したパドル鋼の製法に準じて行われた。またこの表では、別名称を［　］で、その製造法の名称を（　）で示した。

錬鉄（庖丁鉄）を製造する工場を大鍛冶場（あるいは、大鍛冶屋）と称した。大鍛冶場は本場と下げ場という小型のタタラまがいの炉からできている。「銑鉄に時には鉧を加えて錬鉄の原料とし、まずは下げ場に於いて炭素分等を除去し、次に本場にて錬鉄に変ずるものとす」と俵國一は記述している。

三　高炉の建設

大島高任は図6・4に示した大橋高炉を用いて、一八五七（安政四）年に釜石鉱山の製鉄所で、わが国で初めて出銑に成功した。当時の高炉操業は数昼夜継続しては中断され、その間に二週間前後の炉修の後、再び火入れをする操業であった、と大橋周治は推定している。大橋によると、釜石地区での木炭高炉による銑鉄の生産量は安政四年に六五六トン、翌年には九三六トンで、その後は生産量が減少に転じている。また図より、この高炉の送風には水車が用いられていることがわかるが、河川の水を上流から樋で高炉まで導き、水車の上方から水を供給しているのが見て取れる。

先述のとおり大島高任は、西洋で鋳鉄砲ができ

図6·4　釜石の大橋一番高炉（右）と三番高炉（左）（森・板橋）

藩名	炉築炉場所	第一炉の建設着工	操業開始	炉数	備考
薩摩	鹿児島集成館	嘉永5年秋（1852）	安政元年7月（1854）	1基	試験操業
幕府	箱館（幕府奉行所）	安政3年5月（1856）	安政4年以降（1857）	1基	操業成功せず
南部（民営）	釜石地区	安政4年5月（1857）	安政4年12月（1857）	10基	工業化に成功 明治に官営化
仙台（民営）	東磐井	文久元年（1861）	文久2年（1862）	4基	明治30年頃まで操業

表6·4　幕末に建設された高炉
（『幕末明治製鉄論』より作成）

た真の理由が高炉銑の使用にあると気付いていた。大橋高炉の操業は試行錯誤を重ねたが、経営権の譲渡が行われた。これに次いで大島高任は橋野高炉を建設した。この橋野の高炉跡が二〇一五年に世界遺産に認定されている。また、左比内（さひない）高炉が一八六〇（万延元）年に遠野の商人の出資で建設されている。

いずれにしても、釜石鉱山の高炉銑は水戸藩の反射炉に用い、鋳鉄製の大砲の鋳造に供されるはずであった。しかし、幕府による水戸藩主・徳川斉昭の謹慎処分によって、水戸の反射炉事業は頓挫し、有力な販売先を失った釜石の製鉄事業は挫折した。これが釜石の製鉄失敗の主原因とされている。

そこで、幕末にわが国で建設された高炉に関して取りまとめたものを**表6・4**に示す。反射炉と異なり、高炉は数こそ少ないが、薩摩（九州）から箱館（北海道）まで、広範囲で建設が行われたことがわかる。高炉の建設場所は鉄鉱石を産出し、かつ木材（木炭の原料）が豊富な土地に限定されるので、このような状況になったのであろう。反射炉は各藩がこ

図6・5　釜石の2基の25トン英国式木炭高炉
（飯田）

ぞって鋳鉄製大砲の製造目的で建設したのに対して、高炉の場合には建設場所が原材料の事情で限られたのである。これら高炉の中で操業に成功したのは釜石と仙台だけであり、高炉の建設も操業も反射炉に比べて格段に難しかったのであろう。その後、釜石は官営となり、現在の新日鉄住金へとつながっていくことになる。しかし、残念なことには、新日本製鉄の合理化の一環で現在の釜石には高炉がなくなってしまった。

官営釜石鉄山製鉄所は一八七五（明治八）年に操業を開始するが、その生産量は顕著ではない。そこで一八七九（明治十二）年に、図6・5に示した二五トン英国式高炉を二基導入した。この炉で銑鉄の生産量が顕著になったのは翌年の明治十三年で、一三四五トンの銑鉄を生産している。

田中長兵衛は一八八五（明治十八）年に釜石で高炉操業を開始し、官営釜石製鉄所の設備のいっさい

明治　西暦	銑　　鉄				鋼・鋼材			
	たたら鉄	高炉銑	計	輸入	錬鉄和鋼	溶鋼	計	輸入
7年　1874	2,847	—	2,847	1,296	2,035	—	2,035	11,422
10年　1877	3,543	不詳	3,543	2,184	4,674	—	4,674	14,035
15年　1882	5,532	3,543	9,075	5,373	6,524	—	6,524	27,459
20年　1887	11,530	1,492	12,992	6,535	4,833	—	4,833	59,976
25年　1892	9,645	6,913	16,558	15,322	2,452	—	2,452	39,723
27年　1894	9,273	12,735	22,008	36,649	2,102	—	2,102	92,396
34年　1901	10,450	38,697	49,147	43,160	4,355	1,678	6,033	186,042
35年　1902	8,879	36,987	45,866	29,346	11,247	19,786	31,033	192,413

注：明治7，10年は「大日本帝国年鑑」，15年は「現代日本産業発達史・鉄工業」の巻末統計推定値，20年以降は同23，24ページ統計表による。輸入は「外国貿易年表」

表6·5　明治期の鉄鋼の生産形態と需給
（『幕末明治製鉄論』）

を払い下げ受け、明治二十年に田中製鉄所を設立する。明治二十六年になると、燃料を木炭からコークスに切り替えている。しかし大橋によると、**表6・5**に示したように、明治の初期までは銑鉄の大半はタタラで製造されており、高炉銑の生産量がタタラ銑を上回るのは一八九四（明治二十七）年頃であった。また、わが国で溶鋼の生産が開始された（統計に表れる）のは一九〇一（明治三十四）年であり、これは八幡製鉄所の誕生時期と一致する。この年に国産銑の生産量が輸入銑を上回り、そして翌年の明治三十五年には溶鋼の生産量が錬鉄を上回った。ここから、八幡製鉄所の誕生がわが国の鉄鋼事情を大きく変化させたことがわかる。しかし、この時点でも溶鋼の主流は輸入品であった。

表6・5では単に鉄鋼の生産統計で国産と輸入鉄の量を比較した。もちろん、このような比

較にはこれらの価格を避けては通れない。明治中期での和鉄と輸入銑鉄の価格に関して、黒岩俊郎は表6・6を示している。国産の和鉄は輸入銑鉄に比べて著しく高価であったことがわかる。これがタタラの衰退に結びついた。

　明治時代の国産銑鉄を化学組成から検討した結果は先に表6・1に示した。そこからは、明治二十年代になって初めて国産銑鉄のケイ素含有量が一・〇パーセントを超えたことがわかる。ようやく、国産銑でまともなねずみ鋳鉄鋳物ができる時代が到来した、といえる。しかし、この銑鉄は一般的な工業製品には使用できたが、鋳鉄製の大砲には不向きであった。すなわち、これで大砲を鋳造すると不良率が五〇パーセント以上になり、しかも高性能の鋳鉄砲は造ることができなかった。この辺の事情は『鐵考』に詳細に記録されているので、これに基づいて以下に大阪砲兵工廠での釜石銑の再精錬研究に関して記そう。

	和鉄値段（錬鉄・百斤・円）	輸入銑鉄値段（百斤・円）
明 10	4.55	1.15
11	4.85	0.95
12	5.54	0.97
13	6.36	0.94
14	7.48	0.88
15	6.42	1.19
16	4.85	0.95
17	3.25	0.90
18	3.17	1.13
19	2.50	0.86

日本鉄鋼史編纂会編（日本鉄鋼史・明治篇）

表6·6　明治中期の和鉄と輸入銑鉄の価格比較（黒岩）

　鐵考（鉄考）とは、「鐵ニ關スル論説計表ノ類ヲ集輯シ名ケテ鐵考ト曰フ鐵ニ係ル經濟上ノ參考書ト云エルノ義ナリ。印刷ニ附シ謄寫ニ代フ」とある。ここには、明治十五〜十八年の国産の鉄鋼の価格は輸入鉄の十分の一にも及ばず、とある。いかに輸入の鉄が高価であったかが窺い知れる。しかし、この価格は表6・6とは一致しない。ちなみに、この表は和鉄と輸入銑鉄の価格比較である。

そして、一八八九（明治二十二）年の鉄鋼生産量は、国産二万九九五噸、外国産九万二九五噸とある。さらに、その用途は陸海軍用一万六六五噸、其他一般用一〇万六二五噸とある。これらの数値は表6・5とは一致しないが、表6・5では明治二十二年頃の輸入銑鉄は一万トン程度であり、これらはすべて軍用に使用された、とすると辻褄が合う。また、外国産は明治二十二年貿易年報に基づいており、これ以外に海軍省が外国製軍艦を購入した分を「軍艦二艘で四千噸、大砲千噸、合計で五千噸と換算してこれを加算せり」と『鐵考』にある。この頃の統計値の取り扱いは難しい、と痛感させられた。

明治二十三年八月に大阪砲兵工廠で、伊國グレゴリニー鑄鐵（銑）と釜石鑄鐵（銑）を用いて製造した弾丸の比較試験報告では、国内産の原料をもって輸入品を代用することはできないことが判明している。そこで、「本邦陸中釜石銑は其質不良であるがその資源は豊かであり、これを製錬することを始める」とある。これが釜石銑の再精錬研究である。この再精錬した銑鉄で口径一二センチメートルの米国砲の各種弾丸を製造すると、「グレゴリニー鑄鐵で製造した各種の弾丸とその効力はほぼ同等で両者に差異なし」と記述されている。

また、中小坂（なかおさか）産銑鐵を各種の鋳造に用いたところ、流動性が良く、白鋳鉄化せず、しかも気泡を発生することがなかった。大砲の孔の加工性も良好で、ねずみ鋳鉄を製造するのに適していることが判明した。この銑鉄を用いて口径七センチメートルの榴霰弾を製造し、砲兵第四聯隊で明治二十二年秋に射的演習に用いたところ、腔發の憂いがなく良好であった、とある。そこで、中小坂の銑鉄を大量に用いようとしたが、中小坂鉄山が廃業したため、用いることができなくなったので、釜石銑の再精錬となった。

釜石銑は最初海岸砲用竪鐵弾鋳造に使用を試みたが、未だもって品質が悪く使用に耐えなかった。そこで、これに過酸化満俺（マンガン）を配合して精錬することを試みた。

その結果、従来の輸入銑の代用とすることが可能になった、と久保は記述している。そこで、二十四珊（センチ）竪鑄弾を再生銑で鋳造したところ、満足な結果が得られたともある。

「釜石鐵山ノ近況」と題して『鐵考』二六〇ページに野呂景義の文章があり、明治二十五年四月の釜石銑鐵の価格を以下のように示している。

胡麻銑鐵特別一號　一噸（トン）　貳拾六圓五拾錢
同　一號　同　貳拾四圓五拾錢
同　二號　同　貳拾弐圓五拾錢
同　三號　同　拾九圓五拾錢

白色銑鐵　　　同　　　貳拾参圓五拾錢

これらの価格を現時点での価格と直接比較するのは難しいので、当時の釜石工夫の平均賃金を基準に考えてみる。当時の工夫の賃金は「一日一人貳拾錢乃至貳拾五錢位」とある。これより、当時の銑鉄一トンの価格は工夫一人の百日分の日当に相当する。現在でいえば一トン当たり一〇〇万円もしたことになる。輸入銑はその数倍の価格であり、いかに高価であったかがわかる。国産品の品質向上を急いだ理由はここにもあったのである。

『鐵考』の二〇一ページには、大阪砲兵工廠でシーメンスマルチン式炉を用いて鋳鋼製の大砲の製造を試みており、「輸入品中其質稍々當廠製ト相近キモニノ十二ヲ擧テ之レヲ較ス則チ第二表ノ如シ」として、輸入品とほぼ同等の機械的性質が得られるようになった、と記している。また、鋳鉄製の大砲ができるようになった時期に、鋳鋼製の大砲もできるようになったことが記されている。この章の最後に鋼の価格に触れ、以下のように示している。

エーチ、レミー社の鋳鋼は鏇削等の工具に適し　拾七圓六拾七錢
クルップ社の鋳鋼は柔軟なるものにして　五圓七拾錢
大阪砲兵工廠製鋳鋼は　四圓五拾錢

輸入鋳鋼は国産鋳鋼に比べて高価なことがわかる。
また、大阪砲兵工廠で安価に鋳鋼が製造できるようになった、と報告している。ただし、大阪砲兵工廠製鋳鋼は形状の類似した方圓の杆鋼の価格である、と記されているが、杆鋼が何であるかの判読ができないので、これ以上の詳細な議論は控えておこう。

参考文献

飯田賢一『ビジュアル版　日本の技術一〇〇年　製鉄金属』筑摩書房、一九八八年、三七頁
大橋周治『幕末明治製鉄論』アグネ、一九九一年
岡田廣吉責任編集『たたらから近代私鉄へ』平凡社、一九九〇年
緒方勝一『大正一三年　工藝學教程　軍事工藝（普通科砲兵用）』第三版上巻、一〇―一一頁
久保在久編『大阪砲兵工廠資料集　上巻』日本経済評論社、一九八七年
久保在久編『大阪砲兵工廠ニ於ケル製鉄技術変遷史　他』日本経済評論社、一九八七年、巻頭写真、一二九頁
黒岩俊郎「日本の製鉄技術史と産業遺産」『専修大学社会科学研究所月報』No. 四九八、二〇〇四年
佐久間貞介『反射爐製造秘記』、一八五四（嘉永七）年、「水戸藩の反射炉」、三枝博音編纂『復刻　日本科學古典全書八』第一三巻、朝日新聞社、一九八三年
俵國一『復刻・解説版　古来の砂鉄製錬法　たたら吹製鉄法』慶友社、二〇〇七年、一五二頁

『鐵考』大藏大臣官房、明治二十五年四月
『鐵考』の復刻版、『明治前期産業発達史資料』別冊第七〇、第四、明治文献資料刊行会、一九七〇年
中江秀雄『国立科学博物館　技術の系統化調査報告　共同研究六』、二〇一三年、二二一頁
中岡哲郎・三宅宏司『技術と文明』四、一九八七年、二一頁
原田喬「中小坂鉄山高炉跡」『季刊考古学』一〇九、二〇〇九年、五五頁
森嘉兵衛・板橋源『近代鉄産業の成立　釜石製鉄所前史』、一九五七年
陸軍砲工學校『明治四十年　工藝學教程　工藝通論』、一九〇七年、三五頁

7 幕末から明治の製鉄所・造船所・軍工廠

一 幕末の製鉄所と鋳造所、造船所

一八五三（嘉永六）年のペリー艦隊の来航で砲艦外交に屈し、開国を余儀なくされた徳川幕府は、近代的な海軍の必要性を痛感させられた。そこで、ペリー艦隊が七月十七日に日本を退去すると、その一週間後にはオランダに艦船二隻の発注を決定した。さらには、九月十日には水戸藩に旭日丸（排水量約七五〇トン）の建造を命じ、十月七日に浦賀奉行に鳳凰丸（排水量約六〇〇トン）の建造を命じた。これらが石川島造船所や浦賀造船所の基となる工場である。

武田楠雄によると、ペリー来航後の十年間でわが国が外国から購入した艦船の種類と数は次の通りとされている。実に三十隻以上が輸入されており、いかに購入を急いだかが知れて興味深い。

一八五五年　幕府が日本最初の蒸気船・スームビング号を購入（軍艦観光）
一八五七年　咸臨（幕府）
一八五八年　蟠竜（幕府）、長陽（幕府）、軍艦・電流丸（肥前）
一八六〇年　汽船・天祐丸（薩摩）
一八六二年〜一八六三年　蒸気船が長州二隻、筑前一隻、広島一隻、熊本一隻、
　佐賀二隻、雲州二隻、高知一隻、宇和島一隻、薩摩二隻、阿波一隻、
　加州一隻、尾州一隻、土佐一隻、その他に大型帆船四隻
　幕府は汽船五隻と帆船三隻

これらの購入で貴重な金（外貨）が湯水のように異人の手に渡り、三十余隻の中古汽船が日本に引き渡された。これらは、形だけは新装をこらして登場したボロ船で、日本人の操縦技術の稚拙さと相まって、船の寿命も短く、難破も絶えなかった。この点に関して、元綱数道は、輸入船の中で新船は幕府の咸臨丸、長陽丸、富士山丸、開陽丸と佐賀藩の電流丸だけであり、ほとんどが中古船で、修理・メンテナンスには大変苦労した、としている。当時、国内で蒸気機関の修理ができたのは後述の長崎製鉄所のみで、それも簡単なものだけであった。大修理は上海まで行かねばならなかったので、最新の造船所の建設が緊急の課題となった。そこで、一八六五（慶応元）

年には横須賀製鉄所を設立し、ようやく船の修理が可能になった。

このような状況下で多くの製鉄所や溶鉄所と造船所が設立されたが、これらの工場は多くの技術分野にまたがった工場である。この時代の特徴として、製鉄・溶鉄・造船・鋳造の明確な区別は難しく、これらはほぼ同義に用いられていた。後述の長崎製鉄所がまさにこれに相当する。鋳物屋である筆者にとっては、当時はまずは鉄を溶かして大砲や船舶のエンジンを製造することが製鉄所と称されていた、と感じている。製鉄所や鋳造所は造船所と同義であった。まさに、当時の最先端技術は鋳造であった。

さらには、徳川幕府は一六三五（寛永十二）年に発令されていた大船建造禁止令を一八五三（嘉永六）年十月十七日には解禁し、諸藩の洋式船建造への道を開いた。一方で、ペリー来航より先に、薩摩藩は琉球防衛の名目で洋式帆船の建造許可を幕府に願い出ており、五月に幕府の許可を得て、昇平丸（排水量三七〇トン）の建造に着手していた。ちなみに、昌平丸の蒸気機関は長崎製鉄所で、ボイラーは佐賀藩の三重津海軍所で製造された。しかし、洋式艦船の建造は容易ではなく、幕末に国内で建造された蒸気軍艦は、幕府が石川島造船所で建造した砲艦千代田形（排水量一三八トン）のみであった。

この時代、外圧に対抗するために、幕府や有力藩は数々の動力機械を備えた工場を設立する。そのなかで、幕府が直接建設したものには、一八五三（嘉永六）年の浦賀造船所、一八六一（文久元）年の長崎製鉄所、文久三年の関口製造所、一八六五（元治二）年の横須賀製鉄所と横浜製鉄所があり、さらには水戸藩に命じて一八五三年に建設させたのが石川島造船所であった。

幕府が浦賀造船所で建造した日本最初の洋式軍艦が、鳳凰丸である（図7・1：帆船、全長三六メートル、六〇〇トン）。安政元（一八五四）年には、現在は暗渠となっている浦賀駅前を流れる「長川」の河口を利用して、日本最初のドライドックの建設に着手し、幕末の安政六（一八五九）年に完成した。ここでは、太平洋横断直前の咸臨丸の修理が行われている。

鳳凰丸の成功は、幕府に近代海軍建設の希望を持たせ、長崎に海軍伝習所の開設、長崎製鉄所（造船所）の設営といった近代海軍建設に向けた積極策を取らせ、最後には横須賀製鉄所という破格の大海軍工廠着工に至らせたのである。

長崎鎔鉄所（図7・2）は一八五八（安政五）年に徳川幕府が造り、鍛冶場、工作場、鎔鉄場の三工場からなっていた。これにはオランダの強力な援助があったため、かなりの大きさの工場である。しかし、事業はあまり振るわず、明治維新までに数隻の船舶を建造したに過ぎなかった。その後、長崎鎔鉄所は長崎製鉄所を経て、一八七一（明治四）年に工部省の管轄となり、工部省長崎造船所、工部省長崎製作所、工部省長崎工作分局、工部省長崎造船局となり、明治十七年には三菱会社長崎造船所となる。そして、明治二十年に岩崎弥太郎に払い下げられ、翌年に民営の三菱会社三菱造船所となった。

話は少し変わるが、西欧では鋳鉄製の大砲が早くから用いられていたものの、ドイツのクルップ社が一八四〇（天保十一）年に鋳鋼製の大砲（クルップ砲）の製造に成功すると、大砲の主流

図7·1　鳳凰丸
（香川県立博物館，石川和夫蔵）

図7·2　万延元（1860）年の長崎鎔鉄所
（三菱史料館）

は青銅・鋳鉄から鋳鋼製に移行した。鋳鋼製の大砲は鋳鉄・青銅に比べて強度が高く、大量の火薬の充塡が可能になり、その分だけ砲弾を遠くに飛ばせたためである。これがきっかけとなって、ヨーロッパはビスマルクによる「鉄は国家なり」の時代へと突入することになった。したがって、戦艦に搭載する大砲は大きさの制限等から、いち早く鋳鋼製に変わり、それらの艦船がわが国を襲ったのである。

長州藩が馬関海峡を封鎖し、航行中のアメリカ・フランス・オランダ艦船に対して無通告で砲撃を加えた事件が一八六三（文久三）年に発生した。その半月後に、報復としてアメリカ・フランス軍艦が馬関海峡内に停泊中の長州軍艦を砲撃し、長州海軍に壊滅的打撃を与えた。これを下関戦争と呼んでいる。下関戦争は、幕末にイギリス・フランス・オランダ・アメリカの列強四国と長州藩との間に起きた武力衝突で、文久三年と文久四年の二回にわたって行われた。

文久四年にはイギリス・フランス・アメリカ・オランダ四ヶ国の連合艦隊が、十七隻の軍艦で下関の長州藩基地に大規模な攻撃を仕掛けた。これを馬関戦争ともいう。この戦いで、長州藩は惨敗した。この時の写真を図7・3に示す。これらの大砲の形をよく見ると、先に図4・11で示した小金井公園の青銅砲や、図4・12で示した靖国神社にある青銅製の加農砲ときわめてよく似ている。

長州藩は馬関戦争で西欧の強力な軍艦と大砲の威力に気付き、攘夷論を捨て、開国・尊王倒幕論へと大転換した。武器の威力の差が政策を大幅に転換させたのである。前述のように、これら

図7·3　イギリス軍に占拠された長州藩
（ベアト撮影，横浜開港資料館）

の艦船の多くはクルップ砲を積んでいた。当時の長州藩の大砲は金属弾を打ち出す青銅製であり、榴弾（内部に火薬を詰めた炸裂弾）を旋回させて発射するクルップ砲との威力の相違は歴然としていたのである。

クルップ砲の搭載に関しては、それを裏付ける面白い資料がある。幕府最大の軍艦、開陽丸は二五九〇トンで、四百馬力の蒸気機関を搭載していた。この船は一八六二（文久二）年に徳川幕府がオランダに発注した木造シップ型帆船で、一八六五年のオランダ製であり、長さ約七二・八メートル、幅一三メートル、高さ四五メートルであった（図7・4）。これには当時最新鋭のクルップ砲を含む二十六門の大砲が積まれており、そのうち十八門はクルップ製の前挿式の鋼製施条砲であった。

吉岡、宮永らによると、幕府はオランダへの

図 7·4 完成した開陽丸
(石橋)

開陽丸の注文と同時に、開陽丸の引き取りと教育を兼ねて日本人留学生十六名を選抜したが、長崎への道中で一人が肺病を患い、十五名をオランダに派遣した。この中には榎本武揚や澤太郎左衛門とともに医師や法律の専門家、そして鋳物師の中島兼吉などが含まれていた。彼らの帰国時には徳川幕府は瓦解状態にあり、榎本のように、開陽丸の艦長から明治政府の高官に至った例は少なくない。宮永によると、例えば澤は、オランダとベルギーに雷管製造機や火薬製造装置を注文したが、これらの装置がわが国に到着した直後に徳川幕府が崩壊したので、維新後は滝野川や板橋に据え付けた。澤は後に、兵学校教務副総理となり、勲五等双光旭日章を賜っている。

中島は大砲等の鋳造技術を学んで帰国し、明治維新になると大阪砲兵工廠や東京砲兵打工廠で鋳造技師として活躍した。これらを退職した後は、東京厩橋のたもとに二千坪以上の規模の「中島鉄工所」を

図7·5　鋳鋼製の16cm・クルップ施条砲と
その砲孔（左上）：重量2855kg

造り、この工場は大正時代まで続いた、とされている。

ロッテルダムの蒸気船会社で一八六三（文久三）年三月に軍艦・開陽丸の設計が完成した。オランダ側は時流からみて鉄製艦を薦めたが、一刻も早い入手を望んだ幕府側は木造船を選択した。こうして開陽丸は木造銅貼で造船されることとなり、一八六六（慶応二）年六月に完成した。

開陽丸は、四百馬力の補助エンジンを搭載した二五九〇トンの帆船で、乗務員四百人であった。しかし、開陽丸は一八六八（明治元）年十一月十五日に江差沖にてしけに遭い座礁・沈没してしまった。この沈没船の引き揚げに際して、一九七五（昭和五十）年に江差町教育委員会によって発掘・調査プロジェクトが発足した。大砲やシャフト等の遺構から古文書など三万点以上の遺留品の引き揚げが行われたのち、一九九〇年には北海道檜山郡江差町に史料館が建設され、開陽丸も復元された。

開陽丸に積載されていたクルップ施条砲（ライフル溝が切ってある）は全長三・三五メートル、口径一五・八センチメートルで、その外観を図7・5に示す。この図の左上には砲口内部の施条を示した。幕府がオランダから輸入した開陽丸にも、当時最新鋭のクルップ砲が積まれていたことが明らかである。これらの砲弾は実弾もあるが、クルップ砲には中空の榴弾が用いられた。

話を幕末の工場建設に戻す。すでに述べたように、石川島造船所は、一八五三（嘉永六）年、隅田川の河口石川島に幕命を受けて開設された水戸藩の日本初の洋式造船所である。洋式軍艦旭日丸、蒸気軍艦千代田形などを建造した幕末の代表的造船所であった。明治維新で官営となり、一八六九（明治二）年に石川島には兵部省造船局製造所が設置され、艦船の小修理や小船、諸機械の製造に当たった。明治五年には海軍省の管轄となるが、一八七六（明治九）年には政府の造船工場は閉鎖された。旧幕臣平野富二が同造船所のドック・敷地等を借りて石川島平野造船所として個人創業したのである。これが現在のＩＨＩ社の源流となった。

関口製造所は徳川幕府が幕末に江戸に設置した兵器製造工場である。この関口製造所の前身は湯島馬場大筒鋳立場で、一八五三（嘉永六）年に品川台場に設置する大砲を製造するために、幕府によって設立された。一八五五（安政二）年の組織改革によって小銃製造も行われ、湯島大小砲鋳立場と改称する。湯島では江川太郎左衛門の指導で鉄砲鍛冶が大砲の鋳造を行っていたが、従来の製法による青銅砲であったため品質が低く、それゆえに欧州の先進技術を導入した新工場が計画された。これが関口製造所である。関口製造所は一八六三（文久三）年に操業を開始し、関口大砲製造所とも呼称された。

その後、関口が湿地で反射炉の建設に向かないことから、滝野川への移転が計画された。この時期に徳川幕府は伊豆韮山の反射炉に見切りをつけ、一八六六（慶応二）年には韮山の反射炉を江戸滝野川に移設し、滝野川反射炉が完成したとされている。この点に関しては不明な点が多く、必ずしもこれが定説になってはいないが、ここでは反射炉が完成したとして話を進める。その根拠として、本章六節冒頭で後述するように、大村益次郎の言葉に「大阪砲兵工廠へは、滝野川の製造所も皆大阪へ移す」というものがあった。江戸の大砲製造の中心は滝野川であった、と大村が述べている点を筆者は重視している。徳川の時代が終わって明治になると、滝野川製造所は新政府に官収され、その設備は東京砲兵工廠や大阪砲兵工廠へと引き継がれた。

二　浦賀造船所

市村真実や西川武臣によると、浦賀での造船の歴史は一八五三（嘉永六）年のペリー来航までさかのぼる。ペリー艦隊が七月十七日に日本を退去すると、十月七日に浦賀奉行に鳳凰丸（図7・1）の建造を命じた。これが浦賀造船所の始まりである。これは浦賀奉行所与力の中島三郎助らに幕府が軍艦の建造を命じたことに始まる。

ここでは一八五九（安政六）年に日本初のドライドックが完成し、そこでアメリカへ向かう咸臨丸の整備が行われている。しかしその後、小栗忠順らによって横須賀港に製鉄所を建設することが決定され（後の横須賀造船所、横須賀海軍工廠）、艦艇建造の中心は横須賀へ移り、浦賀造船所は明治時代に入ると需要が減少し、利用されなくなった。その後、一八七五（明治八）年には造船所跡地に浦賀水兵屯集所（後に浦賀屯営と改称）が造られたが、これも一八八九（明治二十二）年に廃止された。

鳳凰丸については、勝海舟が「見た目を洋式にしただけの実用的ではない船」と呼び、評価は低いものであったが、先に記したように、徳川幕府はこれで自信を得て、その後の造船・鉄工所の建設を加速させることになった。

一八九四（明治二十七）年には中島三郎助の遺志を継ぎ、荒井郁之助・榎本武揚・塚原周造が中心となって造船所の再建が決まり、一八九七（明治三十）年に**浦賀船渠**を浦賀造船所の跡地に建設した。浦賀船渠は、同時期に浦賀に建設された東京石川島造船所の浦賀分工場との間で、艦船建造・修理の受注合戦を繰り広げたという。この競争はダンピング合戦を生み、両社の経営を悪化させた。ほどなくして石川島の浦賀分工場を浦賀船渠が買収し、自社工場とすることで決着した。

浦賀船渠は横須賀市浦賀地区にあった造船所のため、通称**浦賀ドック**と称され、日本海軍の駆逐艦建造所として有名である。太平洋戦争後も艦艇の建造が続けられたが、二〇〇三（平成十五）年に閉鎖された。

三　横須賀製鉄所と横浜製鉄所

輸入船の修理などから造船所の必要性を痛感した幕府は、造船所の運営を任すことのできる有能な造船技師の推薦をフランスのロッシュ公使に依頼した。そこでロッシュは、造船所（製鉄所）技師の採用のため二度帰国し、技術者を集めた。これにより、一八六四（元治元）年に、横須賀製鉄所（のちに横須賀造船所）首長にフランスの技師レオンス・ヴェルニーが、横浜製鉄所の首長にはドロールが選ばれ、二人は一八六五（慶応元）年に来日した。同年に、幕府の勘定奉行小栗忠順の進言により、横須賀製鉄所が開設される。その後、造船所とするため施設拡張に着手したが幕府は瓦解し、この事業は明治新政府に引き継がれ、一八七一（明治三）年に完成した。やがて工部省などの管轄を経て一八七二年に海軍省の管轄になり、一八七六年には海軍省直属となって、一八八四年には横須賀鎮守府直轄となる。一九〇三年には組織改革によって横須賀海軍工廠となり、多くの軍艦を製造した。

横須賀製鉄所は慶応三（一八六七）年に起工した待望の第一号ドライドック（図7・6）が明治四年に完成し、名称も横須賀造船所に変わった。これは現在も米海軍基地内にある石造りのドライドックで、ヴェルニーを中心としたフランス人技術者たちが設計したものである。このため、設計にはフランスで使われていたメートル法が使用されている。

図7·6　日本最初のドライドック（長浜）

宮永孝によると、明治四年十二月末の横須賀製鉄所は、造船製作吏員四六名、技術官三一名、雇フランス人二五名と工員一〇一六名となっている。いかに大きな工場であったかがわかる。明治五年頃、造船に必要な工場や部局（旋盤、鑪盤、鋳造、製缶、製飾、錬鉄、船渠（ドック）、滑車、建具、塡隙、鋸鉋、製鋼、船具、製図など）が所内につくられた。

明治五年には天皇の内海巡幸用の御召船「蒼竜丸（木製一五二トン）」を進水させ、明治六年にはわが国初の国産軍艦「清輝（八八二トン、四四三馬力）」を起工し、明治八年に進水した。この頃の横須賀製鉄所の進捗図を**図7・7**に示す。この図には第一ドックが描かれており、三〇トンクレーンが設置されていたこともわかる。

長崎大学の資料による明治九年頃の横須賀製鉄所の写真を**図7・8**に示す。右上に見える島は猿島で、その下の細長い建物は**図7・7**で示した製綱所（ワイヤーロープ工場）、左の船は蒼龍丸で、その右にある船は日本初の浚渫（しゅんせつ）船と言われている。

横須賀製鉄所は、この建設を主唱した幕府勘定奉行

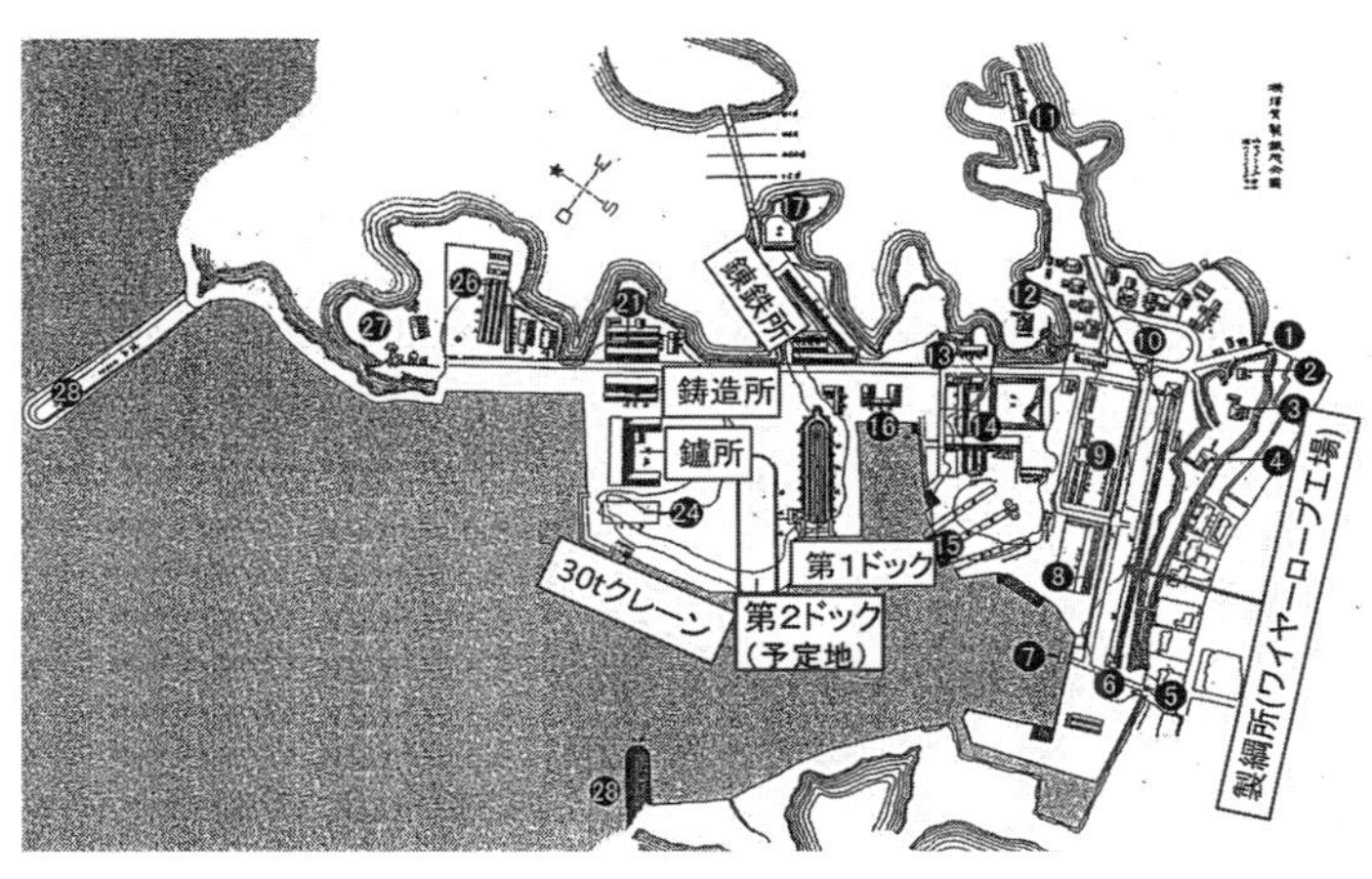

図 7·7　明治 5 年頃の横須賀製鉄所
（菊地／横須賀市自然・人文博物館）

図 7·8　明治 9 年頃の横須賀製鉄所
（長崎大学付属図書館）

小栗上野介の構想に基づき、一八六五（慶応元）年に六台の蒸気ハンマー（六トン、三トンと〇・五トン四基）をオランダから輸入した。蒸気ハンマーとは、蒸気の力でハンマーを駆動し、金属を鍛造する機械である。この装置は主に鋼製鍛造大砲や鉄砲の製造を目的に導入された加工機である。これらは、幕府の近代化政策の中で横須賀製鉄所に大半が設置されたが、〇・五トン一基は横浜製鉄所に配備された。このうち、現存するのは横須賀製鉄所の〇・五トン（図7・9）と、三トン蒸気ハンマー（図7・10）の二台のみである。それぞれハンマーヘッドの重さは、〇・五トン（単式フレーム）と三トン（複式フレーム）である。図7・10の右下にこの装置の銘板を掲げた。これより、ロッテルダムの文字と年号が読み取れ、一八六五年のオランダ製であることがわかる。

ちなみに、英国の産業革命関連の本（Watney）には一八四二年の英国製一・五トン蒸気ハンマーが、作業者とともに写真入りで紹介されている。ここには、「ベッセマー転炉と並んで当時の重要発明は、この蒸気ハンマーである」と紹介されている。したがって、これらのハンマーが当時の最先端技術の機械であったことがわかる。

これらの蒸気ハンマーは明治維新後は日本海軍に引き継がれ、第二次世界大戦後は在日米軍横須賀基地の艦船修理廠で稼働していた。〇・五トンハンマーは一九七一（昭和四十六）年まで、三トンハンマーは一九九六（平成八）年まで使用されていた。その後、これらのスチームハンマーは日本に返還され、二〇〇二（平成十四）年に横須賀市のヴェルニー記念館に移設され、展示

図 7·9　横須賀製鉄所の 0.5 トン蒸気ハンマー

図 7·10　横須賀製鉄所の 3 トン蒸気ハンマー

図7・11　慶応元（1865）年　建設中の横浜製鉄所（横浜開港資料館）

されている。

一八六五（慶応元）年に幕府は横須賀製鉄所とともに横須賀製鉄所の分工場として横浜製鉄所（図7・11）を造った。横浜製鉄所は後出の表9・1によると〇・五トンの蒸気ハンマー、二〇フィート大型旋盤二機、旋盤五機、三トンキュポラ（一時間に三トン溶解できるキュポラ）と、五トンラジアルクレーンなどを備えた本格的な工場であった。

横浜製鉄所は一八六七（明治元）年、さらなる設備増強の必要から横浜製作所と名称を変え、その翌年には横浜製造所と変更された。しかし、一八八三（明治十六）年には同工場を閉鎖し、機械設備を東京の石川島に移した。これが現在のＩＨＩの誕生につながった。

横須賀製鉄所については最近、菊地勝広による資料が横須賀市自然・人文博物館より刊行されているので、これも参照いただきたい。

四　東京砲兵工廠

明治新政府は国家の近代化を急ぐため、旧幕府や諸藩が建設した施設を活用して**東京砲兵工廠**、赤羽工作分局と大阪砲兵工廠などの軍工廠の新設を行った。

陸軍は、徳川幕府の関口製作所と滝野川反射炉を管轄とし、明治三（一八七〇）年に、これらの機械設備を移設して、小石川の旧水戸藩邸跡（現・東京ドームシティ）に東京砲兵工廠を建設した。翌年には小銃実包の製造を目的に火工所の操業を開始し、翌々年には小銃の改造・修理のための銃工所と大砲修理所を開設した。ここで、小銃実包とは、薬莢に収まった発射可能な弾丸のことである。

明治政府は、大阪砲兵工廠を大砲の製造に特化させたように、東京砲兵工廠を小銃の製造・開発に特化させた。名古屋貢によると、明治二十三（一八九〇）年に砲兵工廠条例の施行により、板橋火薬製造所・岩鼻火薬製造所・十条兵器製造所など関東の陸軍兵器工場を、東京砲兵工廠の管下においた。

一九〇七（明治四十）年頃の東京砲兵工廠を、東京都北区教育委員会の資料より図7・12に示す。写真中央の門柱にある「陸軍技術審査部」は明治三十六年に設立されたものであり、ここから明治四十年頃の写真であることがわかる。

図 7·12　明治 40 年頃の東京砲兵工廠
（東京都北区教育委員会）

これらを起点とし、東京砲兵工廠では兵器の修理と輸入品の模造を行いつつ、欧米から製造技術を導入した。明治二十年から明治三十三年にかけて設備は充実し、一定の兵器の量産が可能となった。しかし、一九二三（大正十二）年の関東大震災で大きな被害を受け、小倉への移転が決まった。一九三五（昭和十）年に東京砲兵工廠は小倉陸軍兵廠への移転を完了し、約六六年間の歴史の幕を閉じた。跡地は払い下げられ、現在の東京ドームとなったのである。

これに対して**海軍**は旧幕府が建設していた横須賀造船所等を接収して、一八七二（明治五）年に海軍省直轄とし、一八七四（明治七）年に海軍兵器製造所を東京築地に新設した。ここに後述の工部省赤羽工作分局の機械等を移し、一八九七（明治三十）年より海軍造兵廠とした。

当時の軍工廠を含む大規模機械工場での従業員

1902（明治 35）年		1907（明治 40）年	
工場名	職工数	工場名	職工数
呉海軍工廠	12,378	呉海軍工廠	21,505
横須賀海軍工廠	6,761	東京砲兵工廠	15,419
東京砲兵工廠	6,452	横須賀海軍工廠	11,937
三菱長崎造船所	5,058	大阪砲兵工廠	9,677
佐世保海軍工廠	3,612	三菱長崎造船所	9,486
大阪砲兵工廠	3,120	川崎造船所	8,473
川崎造船所	3,060	佐世保海軍工廠	6,856
官設鉄道新橋工場	1,721	舞鶴海軍工廠	5,185
日本鉄道大宮工場	1,700	官設鉄道新橋工場	2,296
大阪鉄工所	1,623	官設鉄道大宮工場	2,012
官設鉄道神戸工場	1,566	官設鉄道神戸工場	1,807
浦賀船渠	1,522	浦賀船渠	1,606
海軍造兵廠	1,521	大阪鉄工所安治川本工場	1,545

表 7·1　軍工廠を含む大規模機械工場一覧
（中岡）

数を、中岡哲郎の『近代技術の日本的展開』に基づいて表7・1に示す。この表から、一九〇二（明治三十五）年と一九〇七（明治四十）年当時の最大の大規模機械工場は呉海軍工廠であり、これに次いで横須賀海軍工廠、東京砲兵工廠、大阪砲兵工廠であったことがわかる。

しかし、この表には官営八幡製鉄所の職工数は示されていない。清水憲一によると、八幡製鉄所の従業員数は一九〇二年と一九〇七年ではそれぞれ三六四一人と一万一四一二人とされている。八幡製鉄所の創業は一九〇一年であり、一九〇七年までは従業員数は急激に増大したが、その後は一万一千人前後でほぼ一定となっていた。当時、わが国の工業がいかに軍事産業に依存していたか、そしてその最大のものが呉海軍工廠であったことがわかる。呉海軍工廠に関しては本章九節で記述する。

五　赤羽工作分局

幕末に製鉄所といえば、長崎製鉄所、横須賀製鉄所、横浜製鉄所のように、船舶の修理や関連機器の製造を行う場所を指した。一八七一（明治四）年に工部省はこれを造船所と製作所に分けた。その後、釜石や中小坂（なかおさか）などの鉄を造る場所を製鉄所とした。

鉄製部材や機械の製造を目的として、工部省は東京芝赤羽に**赤羽工作分局**を造った。赤羽工作分局は、一八七一（明治四）年に工部省に置かれた製鉄寮を前身としている。製鉄寮とは、工部省が設置した十寮一司のうちの一つで、鉄および銅を製造する一切の事務を所管した機関である。赤羽工作分局は工作機械の国産化を目指して、現在の東京都港区に製鉄寮として設立

図 7·13　1879 年に製造された 6 フィート型の門形平削り盤
（日本機械学会『機械遺産』第 67 号,
http://www.jsme.or.jp/kikaiisan/data/no_067.html）

され、官民の需要に応じて工作機械をはじめ、蒸気機関、水車、ポンプ、プレス機などの機械を製造した。

ここで製造された代表的な工作機械に、図7・13に示した一八七九（明治十二）年製の六フィート型の門形平削り盤がある。この平削り盤のトップビームには三つの菊花紋章が付けられている。この機械は、全長二・八一五メートル、テーブル長二・〇六〇メートルで、日本機械工業の黎明期の国産技術の実状を今に伝える工作機械であり、日本機械学会の機械遺産第六七号に指定されている。

六　大阪砲兵工廠

三宅宏司は村田峰次郎の書を引用し、明治の元勲の一人、大村益次郎は兵学校と器機製造所の設置を大阪に集中させることを考えていた、と記している。村田によると、大村は次のように言っている。「大阪には大阪城があるから、周囲の囲いだけは出来て居る。それを利用して大阪城の中へ学校を建て、そこから兵隊の方を拵える。所で此の地（東京）にある滝野川の製造所も皆大阪へ移す」とある。ここから、大阪砲兵工廠が大砲の鋳造を目指していたことがわかる。大村は一八六九（明治二）年九月四日に京都で刺客の襲撃を受け、同年十一月五日に死去している。大村の死後、十一月十八日に彼の遺言にも等しい上申書が兵部省から太政官に提出され、大砲の製造を主務とした大阪砲兵工廠の設立となった。

竹内昭らによると、一八六八（明治元）年には兵器司が創立され、武庫司、造兵司の時代を経て、明治八年には砲兵本・支廠が設置されるに至り、兵器の開発・製造にあたる機関は明瞭に制度化された。明治三年二月、造兵司が兵部省に置かれ、同三月、大阪城の北東地区にあたる三ノ丸米蔵の跡が造兵司の地と定められた。これが**大阪砲兵工廠**の始まりである。幕府が運営していた長崎製鉄所から機械と職工が、滝野川製造所（後の東京砲兵工廠）からも機械の一部が移され、操業が始まった。

陸軍が最初に採用した火砲はフランス製の四斤野山砲であり、この青銅砲は大阪造兵司において製造が続けられた。竹内らによると、国内の鉄と比べても比較的産出量の多い銅を利用してイタリア式の青銅砲を正式に採用することになった、とされている。また、一八八一（明治十四）年に大阪砲兵工廠の研究者をイタリアに派遣し研究を始めた、とある。そして、正式な野砲は明治二十年まではすべてイタリア式の青銅砲であったという。ことほどさように国産の鉄（銑鉄）の品質が粗悪であり、鋳鉄砲は信頼性に欠けており、青銅砲を採用せざるを得なかったものと筆者は考えている。このような状況の下で、第六章三節に記したように釜石銑の再精錬が行われ、それを用いて後述する鋳鉄製の装箍砲の開発が行われたのであろう。

大阪砲兵工廠の記録は久保在久によって編纂された『大阪工廠ニ於ケル製鉄技術変遷史　他』によるところが大きい。久保によると、一八七〇（明治三）年四月十三日に大阪砲兵工廠は設立

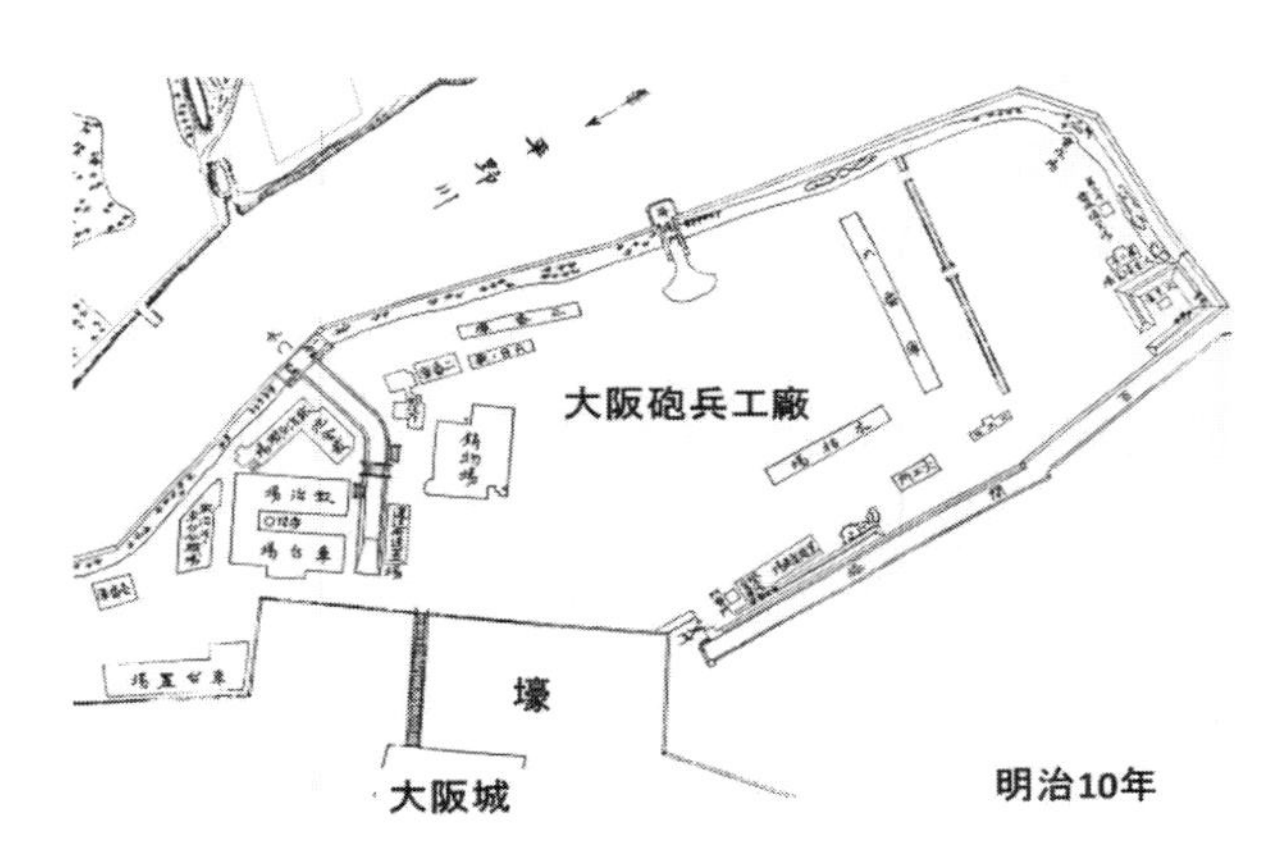

図7·14　明治10（1877）年の大阪砲兵工廠
（久保）

され、六月から鋳物場、鍛冶場、機械場を、十月から火工所を開始している。工廠は明治四年に大阪造兵司、明治五年に大砲製造所、明治八年に砲兵第二方面内砲兵支廠と名称変更されていく。開設当初には銅製の大砲が鋳造され、鋳鉄製の大砲を最初に鋳造したのは明治六年六月とされている。

開設当初の設備は銅砲鋳造所二、火工所一、鞍工所一、木工所一、鍛工所三、図書館と銅鉄諸庫、諸武庫と火薬庫となっている。これに加えて、鹿児島砲兵属廠の火工所と火薬製造所、それに和歌山の火工所が大阪砲兵工廠の所属になっていた。明治十年当時の大阪砲兵工廠の配置図を図7・14に示す。まさに、大阪城の壕の外側に面しており、大村益次郎の構想通りとなっていることがわかる。そして、ここでは鋳物工場が最も大きく、大砲の鋳造に特化していたと思われる。しかし、久保が編纂した本には砲兵工廠の配置図を除くと、大砲やその製造機械な

図7·15　明治20年（1887）頃の大阪砲兵工廠
（三宅）

どの図面はまったく含まれていない。しかも、一九二七（昭和二）年三月の弾丸製造所編纂と記された最初のページに、大きく「部外秘」と記されている。当時は、敢えて図面を省くことで機密保持に努めたのではなかろうか。一方では、図面がないことで、筆者にとって技術的な内容の把握が困難になっている。

図7・15に一八八七（明治二十）年頃の大阪砲兵工廠の写真を転載する。左手前が青屋門（裏門）で、中央左寄りは轉爐場（てんろば）であり、一番手前には大阪城の壕が見える。明治十年頃と異なり、この写真ではその構成が大きく変化していたこともわかる。

大阪砲兵工廠の機械設備に関する報告はきわめて少ない。三宅は「大阪砲兵工廠が、どのような機械、器具を使用して火砲や弾薬などを製造していたかを示す資料は、どの時期についてもその詳細を知り得ない」とした。記述があるのは概数や購入費用を示すものだけであると書き記している。誠に残念なことではある

図 7·16　弾丸製造装置
（久保）

図 7·17　7cm 野・山砲々身製造装置
（久保）

が、機械装置の詳細は知り得なかった。

しかし、久保の編纂した本に明治二十年頃の大阪砲兵工廠の機械装置を示す図7・16や図7・17のような写真が掲載されている。建屋の大きさといい、工作機械の数といい、規模の大きな工場であったことがわかる。

七　大阪砲兵工廠の鋳鉄砲

三宅宏司によると、大阪砲兵工廠では一八七六（明治九）年の上州銑（中小坂銑）に始まり、十一年には広島銑を、十三年には釜石銑と国産銑鉄を順次使用し、これらの品質を調査している。反射炉を用いて、何とかして国産銑でねずみ鋳鉄製の大砲を造りたかったのである。種々試作の結果、輸入銑と同じく国産のねずみ銑で大砲を製造できる範囲に化学組成を制御できていたのは中小坂だけであった、とされている。しかし、残念なことには中小坂は閉山されてしまう。何としても国産の銑鉄で大砲と弾丸を鋳造したかった大阪砲兵工廠は、釜石銑の改良に努めた。これを釜石再生銑という。これらの事情は先に記したように『鐵考』に詳述されている。

開設当初は図7・18に示した青銅製の四斤野砲を製造しており、これが国産第一号であった。大阪砲兵工廠で最初に鋳鉄砲が鋳造されたのは一八七三（明治六）年六月のフランス式四斤野砲で、大口径の鋳鉄砲は明治十八年の十九糎加農(カノン)砲と二十八糎榴弾砲で、翌年には二十四糎加農砲

図 7·18　大阪砲兵工廠で最初に鋳造された青銅製の四斤野砲
（『日本の大砲』）

が鋳造された、と三宅は記述している。『日本の大砲』では四斤野砲は明治五年とされている。四斤野砲は、口径八六・三ミリメートル、全長一・六メートル、重量三三〇キロとある。

このように記すと、きわめて順調に鋳鉄砲が造られてきたように思われる。しかし斎藤利生によると、明治政府は一八七一（明治四）年にクルップ八糎鋼製野砲や十五糎の艦砲を輸入している。さらに、明治十七年にはクルップ七糎野砲を購入し、八糎鋼製野砲とともに近衛砲兵隊と熊本鎮台砲兵隊の備砲とした。したがって、明治政府は鋼砲が有利なことは十分に承知していたが、しかし、わが国の国情に合った青銅砲を正式なものと決め、明治十九年から大阪砲兵工廠で製造を始めて、明治二十一年には全国の野戦砲兵隊に配布したのである。鋳鉄砲は信頼性に欠けていたのであった。一方で、明治二十年からは海岸要塞砲の製造を始めた。これが十五糎鋼製加農砲と十九及び二十四糎鋳鉄加農、二十八糎鋳鉄榴弾砲と二四糎鋳鉄臼砲である。

明治時代の鋳鉄砲原料は銑鉄であった。『鐵考』によると、中小坂鉄山の廃業に伴い中小坂銑はあきらめざるを得なかったので、明治政府は釜石銑に的を絞った。中岡らは、釜石銑はそのままでは大砲などの重要な鋳鉄鋳物ができないので、これを精錬したことを記している。これが釜石再生銑である。一八九七（明治三十）年頃は、この精錬処理では主にマンガン添加が行われ、砲弾等の鋳造ではイタリアのグレゴリー銑とほぼ同等の試験成績を収めた。寺西によると、当時の釜石銑のマンガン量は〇・〇七パーセント程度であり、これを精錬で一・〇パーセント以上に高めた、としている。

そこで次に、釜石再生銑による大砲の鋳造を試みた結果を**表7・2**に、グレゴリー銑による大砲の鋳造結果を**表7・3**に示す。釜石銑での結果は惨憺たるもので、八〇パーセントの不良率であったという。そこで再びグレゴリー銑に戻しても、五五パーセントの不良率が続いた。いかに鋳鉄製大砲の鋳造が難しかったかがわかる。また、**表7・2**の下部には鋳出重量は一一・六トンとあり、高島炭を五・八トン使用したことが記されている。これらの数値は当時の大型の鋳鉄砲の製造技術を示している。

一九一一（明治四十四）年にはようやく大型鋳鉄砲の製造技術が確立できた（**表7・3**）。この表は、グレゴリー銑の全面採用だけでは不良の発生率が高く、鋳鉄製の大砲を安定して造ることができなかったことを示している。その解決策として、**表7・3**の右端の文章に点線で示したよ

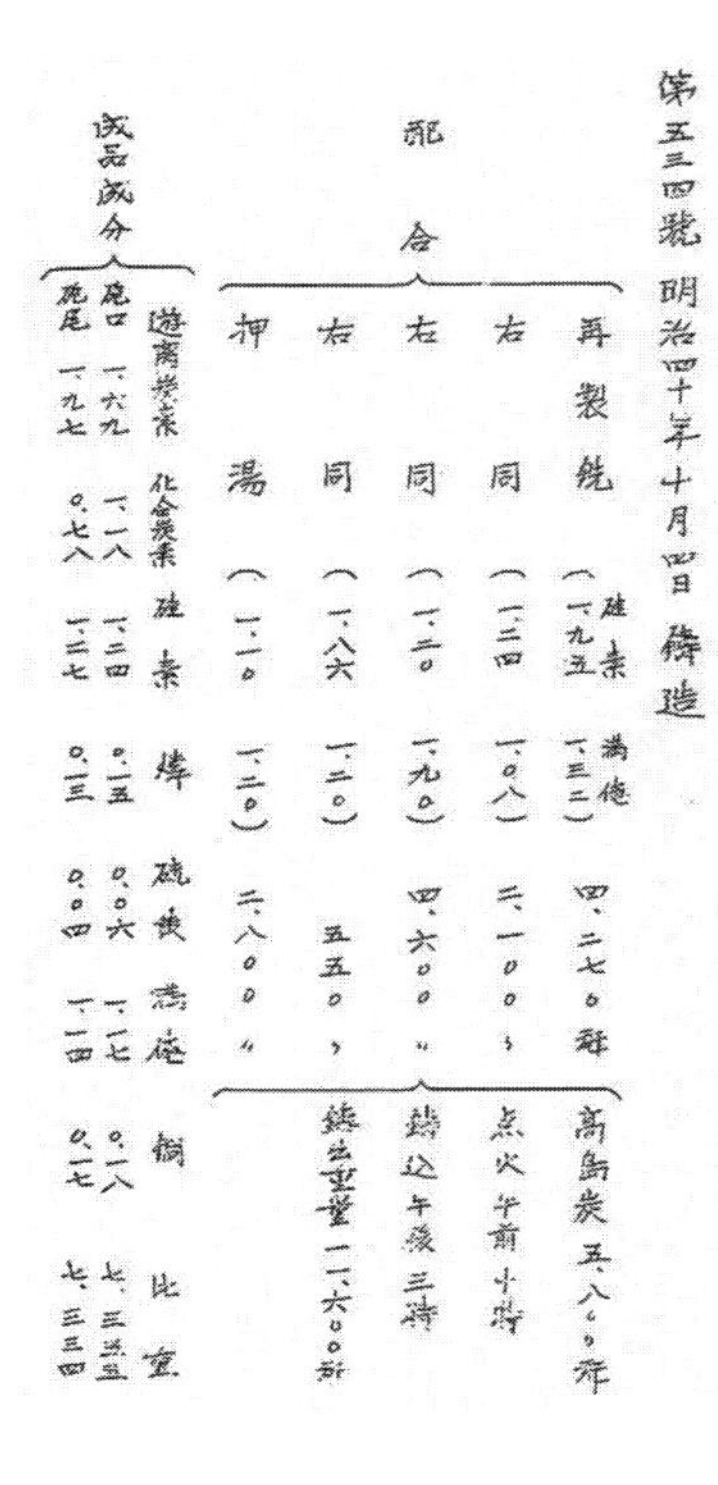

第五三四號　明治四十年十月四日鑄造

配合			
再製銑	硅素 一、九五	満俺 一、三三	四、二七〇瓩
右同	一、三四	一、〇八	三、一〇〇〃
右同	一、二〇	一、九〇	四、六〇〇〃
右同	一、八六	一、二〇	五五〇〃
押湯	一、一〇	一、二〇	二、八〇〇〃

高島炭 五、八〇〇瓩
点火 午前十時
鑄込 午後三時
鑄出重量 一一、六〇〇瓩

成品成分	遊離炭素	化合炭素	硅素	燐	硫黄	満俺	銅	比重
砲口	一、六九	一、一八	一、二四	〇、一五	〇、〇六	一、一七	〇、一八	七、三五五
砲尾	一、九七	〇、七八	一、二七	〇、三	〇、〇四	一、一四	〇、一七	七、三三四

表 7·2　明治 40（1907）年
釜石再生銑による大砲鋳造の結果
（久保）

明治四十四年三月十四日以降円壔形ニ鑄造スルコトニ改メ悉ク良品ヲ生スルニ至レリ
其ノ要例左記ノ如シ

鑄造年月日	番號	使用地金		遊離炭素	化合炭素	硅素	燐	硫黄	満俺	銅	比重	抗張力 外	抗張力 中	抗張力 内	成績
四四、三、一四	六三七	グレゴリー銑大部分	口	二、三四	〇、五〇	一、三〇	〇、一六	〇、〇五	一、一四	〇、〇二	七、三二九				合格
			尾	二、三一	〇、三六	一、一四	〇、一五	〇、〇六	一、一二	〇、〇三	七、三二四				
同 四、二九	六四一	同	口	二、三三	〇、六九	一、〇七	〇、一六	〇、〇六	一、三一	〇、〇四	七、三二一	三二二	三二八	一八四	合格
			尾	二、〇八	〇、七一	一、〇六	〇、一八	〇、〇六	一、三二	〇、〇三	七、三二四	三二八	三二九	三二九	
同 七、一四	六四八	同	口	二、七五	〇、三二	一、三五	〇、一二	〇、〇二	一、六七	〇、〇三	〃	二四五	二六二	二二三	合格
			尾	二、九二	〇、二六	一、一九	〇、一三	〇、〇二	一、六九	〇、〇三	〃	二三三	二三三	二一五	

表 7·3　明治 44（1911）年の
グレゴリー銑による大砲鋳造の結果
（久保）

うに、「円壔（柱）形に鋳造することでやっと不良がとまった」とある。鋳鉄を専門とする筆者にとって、単純に大砲の形状を円柱状に変えただけで、不良品の発生率が画期的に減少するとは考え難い。その詳細は記録に残されていないので推論に過ぎないが、原因の一つに後述する水冷中子の採用が考えられる。しかし、この資料には技術の詳細はまったく記述されていないので、これも推論に過ぎない。この課題はあまりに専門的な技術論となるのでここでの記述は省き、いずれ機会をみて専門誌で明らかにしたいと考えている。先にも記述したが、軍事機密の関係であろうか、詳細の記述が省かれているのが残念である。

表7・3の下部には抗張力とその値が「合格」と記されており、当時の軍規格ではこの程度の強さの鋳鉄で良しとしたことがわかる。これらの資料は、いかに鋳鉄製の大砲の鋳造が難しかったかを示すとともに、当時の鋳鉄砲の設計強度も示された貴重なものである。ここではグレゴリー銑を用い、片状黒鉛鋳鉄の引張強さは一平方ミリメートルあたり一八・四〜二五・八キログラムを得ており、これが合格の基準であろう。これらの化学組成は先の**表7・2**ともよく一致している。

これらの文章からは読み取れないが、ここでの鋳鉄砲は**図7・23**で後述する装箍砲であった。本体を鋳鉄で造り、それらを鋼の箍で締め付ける構造になっている。鋳鉄砲が信頼性に欠けるという欠点を、このような手法で解決したのであった。

大砲としての合格とは、単に材料強度だけではなく、実際に多くの砲弾の発射にも耐えなければならない。この点に関して寺西英之は、『銃砲史研究』で『釜石の砲身用鋳鉄試験規則』を引

	装薬量（kg）	弾丸及び円柱				発射回数（発）
		種類	個数	弾量（kg）		
				1個	合計	
1次	1.333	弾丸	1	4	4	20
2次	2	円柱	1	8	8	20
3次	2	円柱	1	12	12	10
4次	4	円柱	2	12	24	5
5次	8	弾丸 円柱	1 4	4 12	52	若干発 （砲身の破壊する迄）

表7･4　砲身用鋳鉄砲の弾丸発射試験の概要（寺西）

用して、砲弾（この規則では弾丸と円柱で示されている）の発射試験の概要を表7・4のように示した。これは「口径十珊米（センチメートル）ノ滑腔ノモノニシテ、仏国海軍用旧式長八斤砲ニ等シイ」とある。フランス軍の規格を転用していたことがわかる。いずれにしても、弾丸が高価なため、大部分を高価な弾丸に代え、安価な円柱で発射試験していたことがわかり、興味深い。これらを総合して、「発射五六ニシテ砲身破壊セサルトキハ善良ノモノト見做シ、之カ採用ノ建議ヲ為スヘシ。其五六発前ニ破壊スルモノハ直ニ棄却スヘキモノトス」とある。金属材料の疲労強度のように、五六発に耐えれば実用に耐える、と判断したのであろう。

この弾丸発射試験に関しては、手塚謙蔵訳稿の『西洋鐵熕鑄造篇』の八六ページに次のような文章がある。「鋳造した機械並びに古製カノンの強剛なるを知るには、其の破推する鐵片を以って考えるべき。即ち其の片、上に示す如く灰色にして斜に角稜を帯び、稍々高低ありて破裂するときは、按ずるに其の形状恰も鋸歯の如き乎。是れ強剛の徴なり。然れども古製カノンはその體の厚薄に従って破裂する處稍深し。之に由て今鑄造するものに比すれば、鐵粗粒にして頗（すこぶ）る白色を帯び、且つ大量の炭素を含みて、其の形状殆ど異なり……」。これより、当時ヨーロッパでは炭素量の分析が行われていたこと、鋳鉄の破面からその強度を推定していたことがわかる。*

* この記述は鋳鉄を専門とする筆者にとってきわめて妥当である。ヨーロッパでは当時、すでに鋳鉄中の炭素量の化学分析が行われており、また、破面から鋳鉄の材質を判定する文章も驚くほど正確である。

さらにまた、「各國鋳造せる鐵の強弱を試驗せんが為に、其の鐵を用いカノン砲を製造し、下條の則に従い漸々火薬を増加し、其の破裂するに至るまで放發せり……これは皆フランス經驗の法則に従へリ。即ち左に列示す」とある。この文章を発射試験に関して取りまとめ、以下に示す。

火薬	四ポンド	弾丸	一箇	塡物二箇	二十發
火薬	同	弾丸	二箇	塡物同	二十發
火薬	同	弾丸	三箇	塡物同	十發
火薬	八ポンド	弾丸	六箇	塡物同	五發
火薬	十六ポンド	弾丸	十三箇	塡物同	同

「各の如く六十發に及ぶも更に破裂せざるものは、又塡物、弾丸を増加して発射す……」。このようにして大砲の性能を評価していた。この内容は先の**表7・4**とほとんど同じである。否、これらの試験法に基づいて先の砲身用鋳鉄試験法が作られたと、考えられる。

三宅宏司によると、「当時の大砲の鋳造法用の鋳型は砲口部を上に、砲尾部を下にして約一メートルの縦二つ割りの印籠継ぎ〔金枠〕を用い、内側に孔の空いた核心管（中子）を入れておく。反射炉からの銑湯はいったん鋳型上の漏斗〔湯溜まり〕内に溜める。鋳込みは鋳型の底部（砲尾の底面）より約百ミリメートル上方で、鋳型の内面方向に接線を描く角度をもって鋳込む」とある。これに関しては『明治四十年　工藝學教程　工藝通論』に図7・19のような図が示されている。

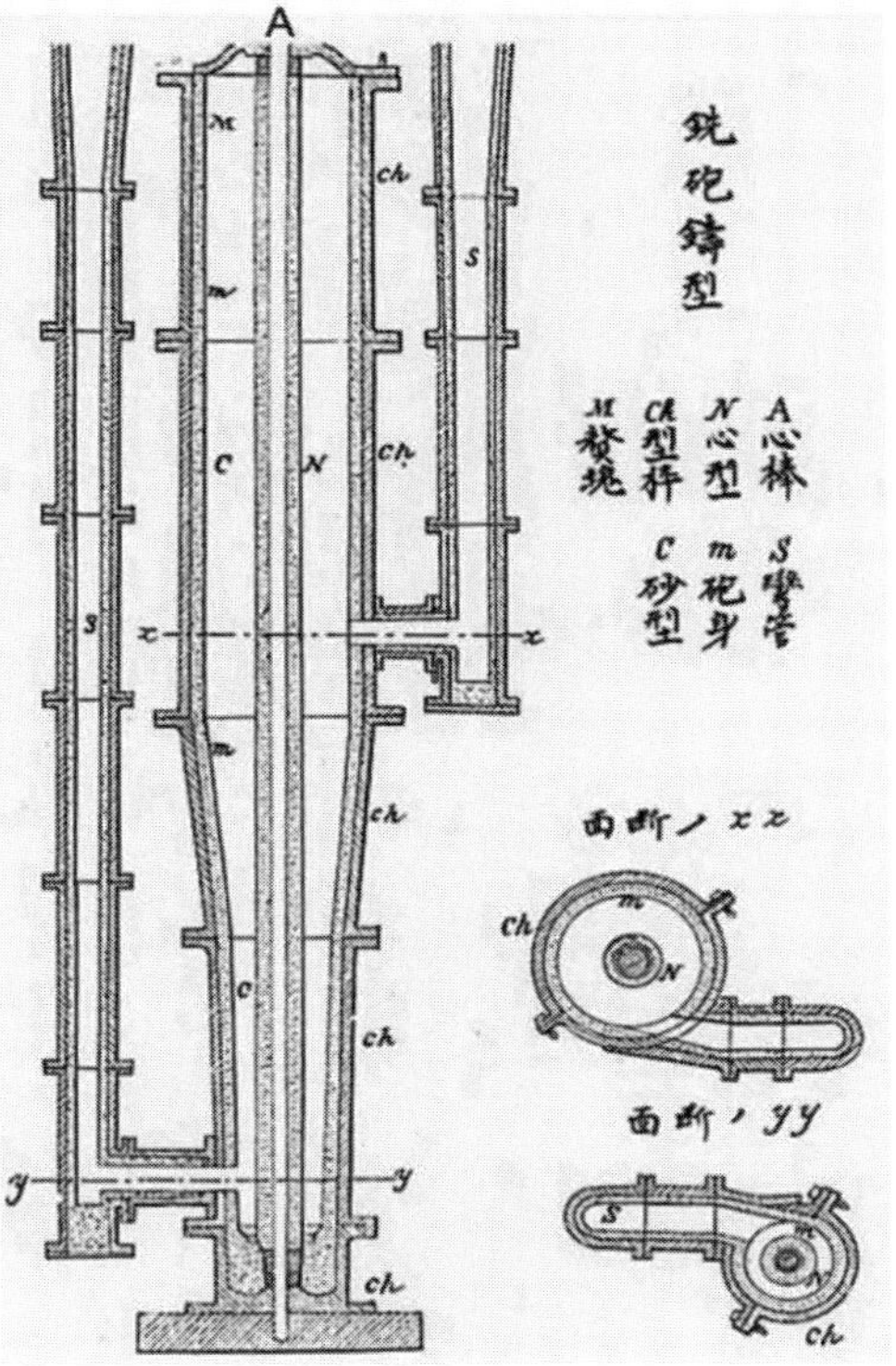

図7·19　明治の鋳鉄砲の鋳造方案
（藤井）

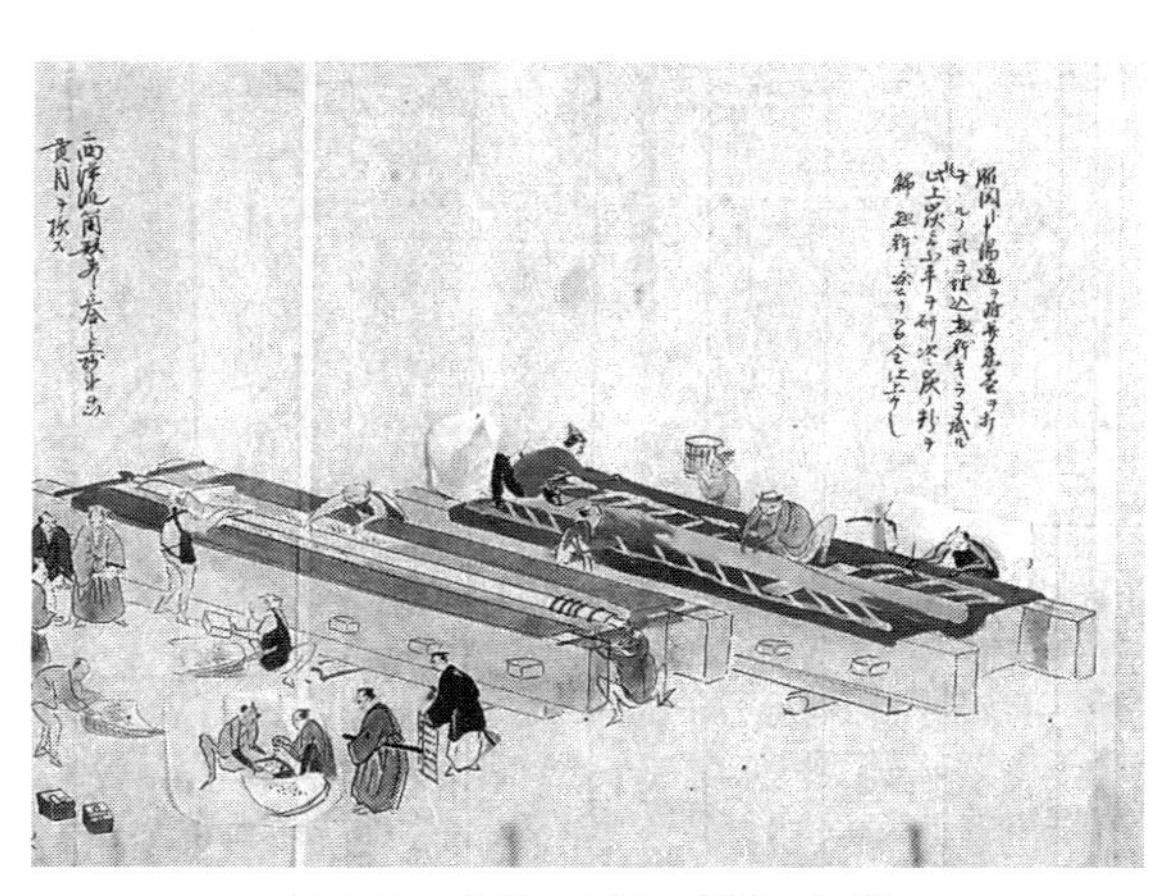

図7·20　佐賀の大砲の鋳型の造型
（『小田原絵巻』より）

この図がまさに右の文章と一致する。ここでは、金枠を用いて砂付きを薄くし、中央部に心型（中子）を設置し、押上げ方案（下から上に向かって湯を流し込む方法）で二本の堰を左右に設けている。図中の*ch*は型枠とあり、後述のようにこれは金枠である。そして、*N*は心型とあり現在では中子と呼ばれるものである。

　この中子の設置法と立て鋳込みは、江戸時代の佐賀の鋳造絵図である図7・20とよく似ている。図では左に大砲の主型が、その中央に砲孔作成のために中子を据え付けている様子が描かれている。大砲が出来上がった時点でこの中子は除去され、砲孔となる。この中子の右端には五本の輪のようなものが描かれている。これは砲尾部に雌ネジを切るためのものである。また、右側に示されている鋳型には湯道を段堰として切って、多数の場所から湯を大砲に流し込む様子が描かれている。しかし、江戸時代の大

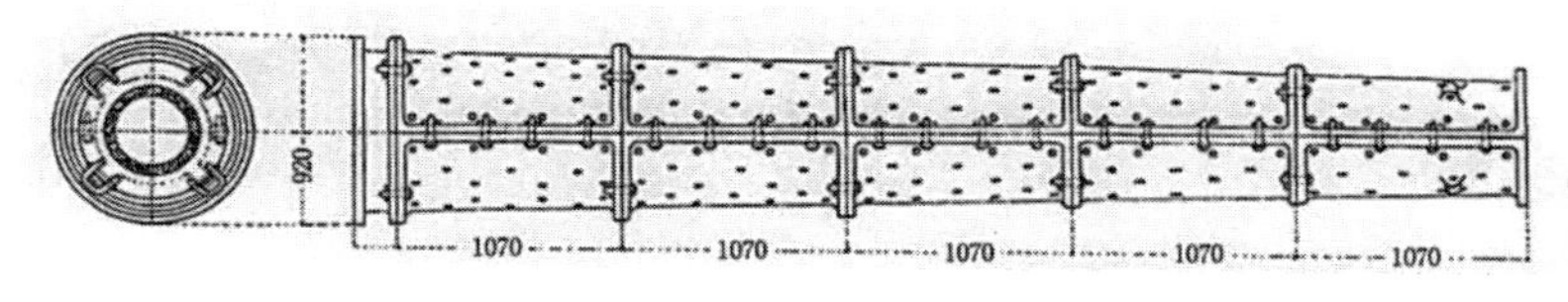

図7·21　大砲鋳造用の金枠
（『砲工学校　兵要工藝學教程　第三版　火砲製造の部』明治29年版）

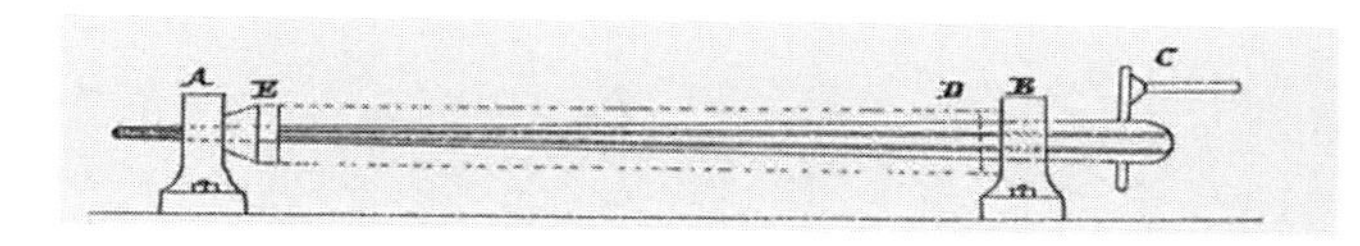

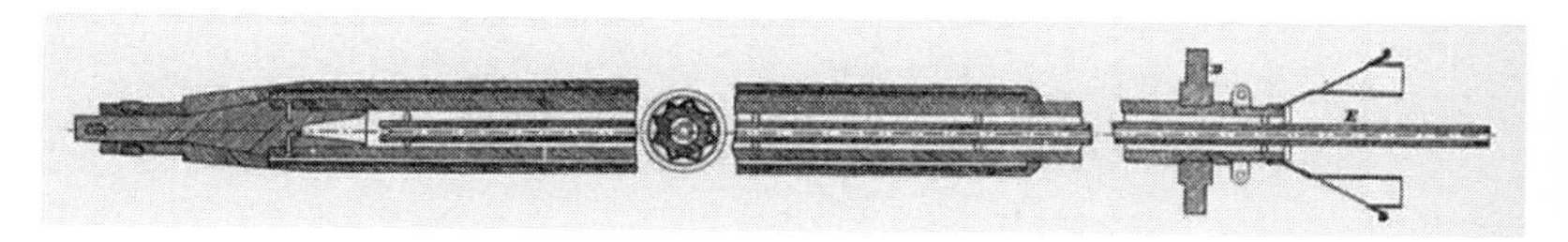

図7·22　大砲鋳造用の水冷中子（下）とその芯金（上）
（上下の図は理解のために大きさを揃えた）
（『砲工学校　兵要工藝學教程　第三版　火砲製造の部』明治29年版）

砲の鋳造でこのような込み入った手法（鋳造方案）が取り入れられていたか否かは定かではない。

筆者は大砲用の水冷中子について寺西英之の報告で初めて知ることとなった。寺西は、『砲工学校　兵要工藝學教程　第三版　火砲製造の部』（明治二十九年版）を引用して、**図7・21**の大砲の鋳型（金枠）の外観と、**図7・22**の大砲鋳造用の中子の芯金（水冷）と中子を示している。この**図7・21**は**図7・19**とほぼ一致しており、**図7・19**の心型（*N*）は水冷中子であったことを推察させる。ただし、この本には「フランスの教科書：佛國砲工學校編輯」に基づいたと添え書きがあり、訳本であることがわかる。この図は陸軍将校のための本であり、あえて水冷中子のような製造技術に関する詳細な記述は省かれたのではなかろうか。将校らの技術教育にはこのような技術情報は不要で、ノウハウの機密保持の目的で省略されたのであろう。鋳造工場での職人や技術者の教育と、将校の教育法が区別され、それぞれの目的に応じた教育がなされていた、と考える。

筆者は長年にわたって鋳造を専門としてきたが、図7・22のような複雑な水冷中子が示された報告書は、これ以外に見たことがない。鋳鉄鋳物は、鋳物の肉が厚くなると強度が低下する特性がある。これを肉厚感受性といい、現在のＪＩＳにも取り入れられている。そこで水冷中子を使用して大砲を内部から急速に冷やすことで、強度の向上を図ったのであろう。しかし、水冷中子の採用は、先に図6・1で示したように、黒鉛の出ない白鋳鉄の生成を助長する。そこで、水冷中子の採用にはねずみ鋳鉄の製造技術が確立されていることが前提となる。この辺にも明治時代における鋳造技術の進歩が見て取れる。また、水冷中子の表面上の砂付き（砂型の厚さ）はきわめて薄い。これは、薄い砂付き（砂型）層が安定してできるようになったことの証拠であろう。

三宅は、「鋳込みは、鋳型は砲口部を上に、砲尾部を下にして約一メートルの縦二つ割りの印籠継ぎ金枠に内側に孔の空いた核心管（中子）を入れておく」と記している。これに関して筆者は大砲の形状から、図7・19に示したように、砲尾部が上で砲口部が下、というのが正しい、と考える。また、三宅は「反射炉からの銑湯はいったん鋳型上の漏斗内に溜める。鋳込みは鋳型の砲尾の底面より約十メートル〔センチメートルの誤りか〕上方の左右に鋳型の内面に接線を引いた角

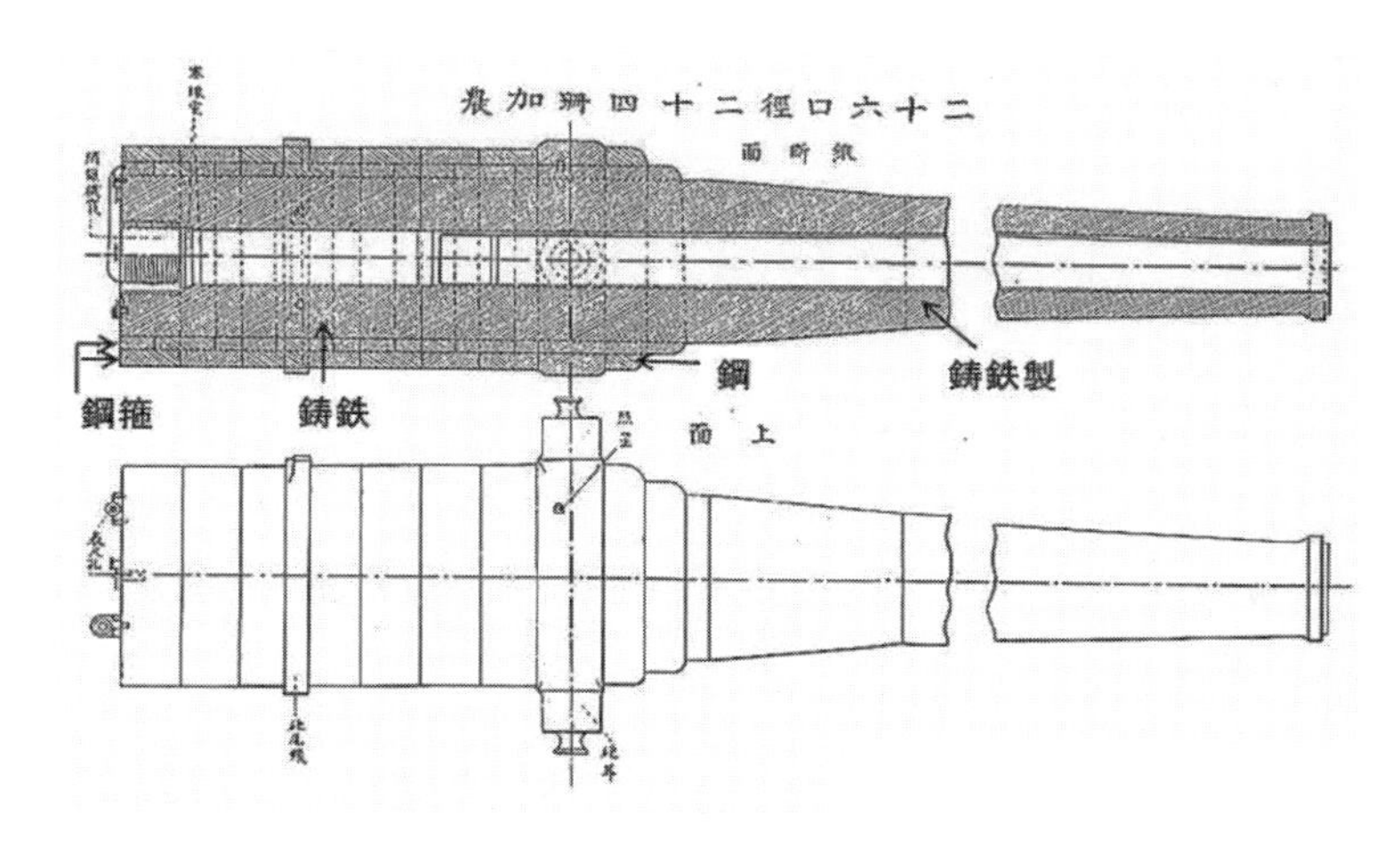

図7·23　二十四糎加農砲々身図
（寺西）

度で、漏斗の左右二個の抽出孔より銑湯を流し込む。湯が回転しながら鋳型の内部を上昇していく「揚湯鋳込み式」である。鋳込み後、核心管の孔に注水管を連結し、圧力をかけた冷水を底部から上部に通して、均等に砲身を冷却する」と記している。

当時の鋳鉄製の大型大砲は、砲身が一層からなる単肉砲身ではなく、複肉構造の装箍（そうこう）鋳鉄砲であったと、三宅や寺西は記述している。鋳鉄製の単肉砲では弾丸の発射に際して砲身の破裂が起きやすかったので、中心部は鋳鉄製で、外側に鋼の箍（たが）を嵌めた図7・23のような構造であった。この場合には二重に鋼の箍を嵌めており、鋳造技術とともに機械加工の精度も高度なものが要求されたことが容易に推測できる。この箍（または外套）の嵌め込みには焼嵌（やきば）めを用いたことが明治四十年の斎藤の本に記されている。

焼嵌めとは、今日でも車輪やプーリなどを回転軸に取り付ける場合によく用いられる手法である。これは、材料の熱膨張・収縮を利用した締結方法で、現在も用いられている。すなわち、鋼製の箍（円筒状）を加熱すると、熱膨脹でその内径は大きくなる。この状態で鋳鉄砲（軸）に嵌め込み、その後の箍の冷却で内径は収縮し、鋳鉄製の砲身を強固に締結する。この技術を実際に用いるには、鋼製箍の内径と鋳鉄砲身の外径を精度よく加工できることが不可欠である。

本来ならば、鋼箍の内径と鋳鉄砲の外径の公差と、鋼箍の加熱温度を示す必要があるが、この点に関する記述はまったくない。精密な公差の実現には、鋼と鋳鉄には高度の機械加工性が要求され、白鋳鉄の混入は論外であったであろう。しかし不思議なことには、これだけの図面に寸法が記されていない。その理由は機密保持としか考えられない。この点に関しては『呉市制一〇〇周年記念版　呉の歩み』に図7・24のような写真が掲載されている。まさに、砲身に外筒を装入している様子を示している。この写真だけでは焼嵌めか否かの判定はできないが、当時、このような技術がわが国に存在したことを示す、貴重な写真である。

話は元に戻るが、苦労に苦労を重ねてついにこの種の大型鋳鉄製の装箍砲の製造技術が確立できた明治の終わり頃には、鋳造技術の向上により、鋳鋼の大砲ができるようになる。その結果として、一九一二（明治四十五）年一月六日をもって、大口径鋳鉄砲身の製造は中止されている。その理由は、「鑄鐵砲ノ中止ハ時勢ノ然ラシムル処ニシテ爾来鋼製砲身ヲ用イルニ至レリ」と久

図7·24　12cm 速射砲の砲身層成の様子，明治 30（1897）年
仮設呉兵器製造所（『呉の歩み』）

保の書にある。新しい技術の進歩は、大砲の製法も変えてしまう、という工学の非情さが窺い知れる。

このように記すと、この鋳鉄砲はほとんど実用には供されなかったと受け取られかねない。真実は、三宅によれば、「同砲は鋳造番号六五四号をもって、その製造を終えているが、おそらく、わが国で製造された火砲の中で、最も長い期間（約二五年間）実用に供されたと思われる」と記されている。同様に、竹内昭らによると、この大砲は数多く鋳造され、日露戦争で大変に効力を発揮したと記されている。

同じものと思われる大砲が久保の著書に掲載されている。それを**図7・25**に示す。タイトルからも、明治十九年製のこの鋳鉄砲にはライフル溝が切られていたこと、榴弾（弾の内部に火薬が詰められた砲弾）を用いていたことなどが

図 7·25　装箍鋳鉄榴弾砲「大阪砲兵工廠 明治 19 年製」（久保）

わかる。また、原文では、図下のキャプションに「左端はボンペヲ・グリロか」とあるが、ボンペヲ・グリロは大阪砲兵工廠のイタリア人砲兵少佐のことである。

ドイツのクルップ社が鋳鋼製の大砲製造に成功したのは一八四三（天保四）年で、遅れること半世紀、ようやく大阪砲兵工廠で鋳鋼製の大砲が完成した。しかし、この鋳鋼製の大砲もその命は短い。大阪砲兵工廠は一九〇一（明治三十四）年に一二〇〇〇トン水圧プレス機を導入している。これも鍛造砲の製造が主目的であったと考える。一方では、呉工廠には明治三十五年に、四〇〇〇トンプレス機が導入された。これはもちろんのこと、鋼鍛造砲を造ることが目的であろう。日本製鋼所は、四〇〇〇トンプレス機を用いて、大正の初期には鍛造製の大砲を製造している。

現在、テレビがブラウン管から液晶に、真空管は集積回路（ＩＣ）に、そろばんや電動計算機は電子計算機に、写真は銀フィルムから電子データなどに取って代わられた。このように、科学技術の進歩は製品の構造そのものを変えてしまい、この非情さには容赦がない。しかしながらそろばんのように、子供の教育手段として生き残った例もあるが、これは本来の目的とは別の使い方である。

八　大阪砲兵工廠での水道用鋳鉄管と自動車エンジンの鋳造

大砲鋳造で得られた高度の鋳造技術の進歩を活用して、大阪砲兵工廠は一八九一（明治二十四）年には水道用鋳鉄管を大阪市から受注し、明治二十八年には三六〇トンを収めている。鋳鉄管はまさに大砲の形状である。

鋳鉄管といえば、今日ではクボタがある。大出権四郎（のちに久保田姓となる）は明治二十三年に弱冠十九歳で大阪に大出鋳物を立ち上げた。鋳鉄管の製造技術に強い関心を抱いた権四郎は、明治三十年頃に鋳鉄管の製造に成功し、明治三十三年には新しい技術を開発し、鋳鉄管の量産に取り組んだ。この技術がやがて鋳鉄管の久保田と呼ばれる鉄工所へと発展した。これも大阪砲兵工廠の一つの果実といえそうである。クボタについてはあらためて第十章で後述する。

さらには、大阪砲兵工廠はチルドロールの鋳造を一九〇三（明治三十六）年に開始している。鋳鉄砲や鋳鉄管、チルドロールなどはすべて鋳造技術に関連した技術であり、これらの製造に関して得た高度な鋳造技術は、やがて軍用トラックのエンジン製造に移っていく。最初の自動車発動機気筒の鋳造作業は一九〇九（明治四十二）年二月に行われた。当時の記録によると、二個の製品を得るのに五個を鋳造した、とある。そして、明治四十四年には国産第一号のトラックの試運転が行われている。

その後も鋳造技術は改良され、トラック・エンジンの不良品発生率は大正四年の五〇パーセントから、大正五年には一四パーセントに低減され、大正七年に四・三パーセントとなっている。いかに鋳造技術発展の進歩が速かったか、逆にいえば、全力を挙げてエンジンの鋳造技術の開発に取り組んだことが推察できる。ところで、これらのエンジンにはフェロバナジウムの添加が記録されている。大砲の項にはバナジウムの添加は一切記述されておらず、耐熱性の向上にバナジウムを故意に添加していたことがわかる。例えば津田紘らの言うように、今日でも鋳鉄の耐熱性の向上にはバナジウム添加が行われている。

大阪砲兵工廠はその後も製鋼・鋳鋼の研究開発を通じて大砲の製造法を改良していった。鋼製の大砲の強度向上策に自己緊縮法（自緊砲）があるが、ここでは触れないことにする。

九　呉海軍工廠

明治政府は一八八六（明治十九）年に「海軍条例」において全国を五つの海軍区に分割し、各

図7･26　明治21年頃に建設中の呉鎮守府
(『呉の歩み』)

区の軍港に鎮守府（日本海軍の根拠地として艦隊の後方を統轄する機関）を置くこととした。横須賀に次いで第二海軍区（紀伊半島から四国、筑前宗像、大隅半島に至る海岸線）を所管する鎮守府を呉港に置くことが定められた。図7・26に建設中の呉鎮守府の写真を示す。この呉鎮守府の開庁式は一八九〇（明治二十三）年四月二十一日に明治天皇臨席のもと挙行された。

一八八九（明治二十二）年七月の呉鎮守府設置と同時に、「造船部」が設置される。そして製造科も業務を開始し、九月には造船・機械工場を開設した。当初は造船は神戸にあった小野浜造船所に頼っていたが、徐々に呉での設備を拡充させた結果、小野浜造船所は後に閉鎖された。千田武志(a)によると、造船部の動力機関は明治二十四年に百八馬力機関が四基新設され、明治三十年には一六基、四八六馬力に増設されていった。

呉における最初の製鋼事業は明治二十五年五月、造船部鋳造工場に三トン酸性のフランス式重油燃焼シーメンス・マルチンを使って行われたと千田(c)は記している。明治二十八年にはコークス使用の三トンシーメンス式酸性平炉、明治三十年にはフランス式六トン平炉と、ガス発生装置付き一二トン平炉、二千トン水圧鍛錬機の操業を開始した。さらに、明治三十五年には四千トン水圧機、二五トン酸性シーメンス平炉二基が完成している。**図7・27**の平炉は三トンシーメンス式のものと思われる。

これまでに記述した平炉や水圧機の使用目的が、鋼製の鍛造砲の試作であったことは疑う余地がない。そこで、明治三十年の呉工廠で製造された大砲の写真を**図7・28**に示す。この写真から、この砲は後装砲であること、わが国ではこの頃には鋼製の後装砲が造られていたことがわかる。

一九〇三(明治三十六)年に日本海軍の組織改編で**呉海軍工廠**が誕生した。堀川一男によると、呉海軍工廠誕生時の設備は、酸性平炉四基(二十五トン炉二基、十二トン炉、三トン炉)と、四千トン水圧機と千トン水圧機、弾丸鍛造機と熱処理炉等を有していた、としている。この数値は前記のものとほぼ一致している。その後は東洋一と呼ばれるほどにまで設備を充実させ、工員の総数は**表7・1**に示したように明治三十五年に一万二千人超で、最大で十万人であったという。その規模は他の三工廠(横須賀、佐世保と舞鶴)の合計を超えるほどで、ドイツのクルップ社に比肩しうる世界の二大兵器工場の一つであった。この工廠ではその後に戦艦「大和」など、多くの建造を手がけ、日本海軍艦艇建造の中心地となった。

千田(b)によると、明治政府は一八九〇(明治二十三)年度に呉に新造兵廠を建設することを決

図 7·27　平炉製鋼炉で働く工員（仮設呉兵器製造所）明治 26 年頃か
（大和ミュージアム）

図 7·28　竣工した砲熕（呉海軍兵廠）　明治 30 年
（大和ミュージアム）

定した。この時の器機の予算案は、その後の百トンクレーン導入計画により、大幅に変更された。千田に基づき、明治二十五年の予算を表7・5に示す。明治二十五年から二十六年にかけては、この埠頭百トンクレーンの建設が優先され、鍛工場は明治二十六年から、砲火機械場は二十八年から予算が付いている。この予算変更の理由は、戦艦橋立の主砲搭載のために百トンクレーンが不可欠であったから、とされている。これらの新しく設定された予算変更案は明治三十四年度までに実行され、その結果が上記の機械設備となった。

一九八一年に刊行された『呉海軍工廠造船部沿革誌』によると、軍工廠とは、陸軍省管轄の兵器・軍艦・火薬・軍服などを製造・修理する工場をいい、戦前における軍事生産の中核的存在であった。横須賀海軍工廠については、克明に記録された膨大な『横須賀海軍工廠史』が残されているが、呉海軍工廠に関してはおそらくこれ以外にまとまった歴史的記録がないのではあるまいか、と記されている。筆者も呉海軍工廠の執筆に関しては苦労の結果、やっとこの書にたどり着いた次第である。この書は、明治三十一年発行の『呉海軍造船廠沿革録』と大正十四年発行の『呉海軍工廠造船部沿革誌』を合本したものである、と冒頭に記されている。

一八七〇（明治三）年に兵部省造兵司が設置され、東京砲兵工廠と大阪砲兵工廠で火砲などの製造が開始され、海軍では明治五年に東京築地の石川島造兵所を統合して海軍造兵所が設けられた。その後、明治二十四年の呉、二十七年の佐世保、二十九年の舞鶴と各鎮守府の造船部が創業を開始している。そして、明治二十八年に呉造船所製鋼工場ではわが国初の本格的な鋼砲の製造

埠頭クレーン	
鍛工場	高圧蒸汽罐外 33 廉
砲架機械場	120 馬力蒸汽機関外 22 廉
造砲機械場	50 馬力蒸汽罐並機関外 30 廉
淬硬並収縮場	40 トン梁上クレーン外 7 廉
水雷機械場	35 馬力蒸汽機関外 46 廉
薬包機械場	機械装置外 2 廉
鋳工場	10 トン鎔銑炉外 16 廉
集成場	鉄製 15 トン梁上クレーン蒸汽罐その外 3 廉
黄銅鋳造場	鎔炉外 3 廉
弾淬硬場	ガス装置□炉台外 7 廉
金属試験場	12 馬力蒸汽罐並機関外 7 廉
ガス製出場	ガス管外 2 廉
水雷集成場	梁上クレーン外 5 廉
鋼鉄鋳造所	12 トンマーチン・シーメンス氏鋼炉外 18 廉
木工場	野砲機砲架々軸機械外 8 廉
塗並革工場	諸器具外 1 廉
製弾機械場	弾体旋床外 13 廉
火工場	温蜜銅管類外 2 廉
舎蜜場	煙筒外 1 廉
機械運搬並保険料	ヨーロッパより呉港機械運搬並保険料まで
計	

出所：「呉兵器製造所建築事業変更並ニ予算年度割変更ノ件」
明治 25 年 6 月 14 日

表 7·5　呉海軍工廠の器機費予算案（明治 25）年
（千田(b)）

が始められた。これらの鋼砲は、先に記述したプレス機の導入時期を考慮すると、鋳鋼製であったことがわかる。

一八九二（明治二十五）年には造船部を、製図工場、造船工場、船渠工場、機械工場、錬鉄工場、鋳物場、製罐工場、船具工場とした。そして、明治三十三年には各工場の定員を、製図工場一五〇人、造船工場（甲部）一五〇〇人、（乙部）六〇〇人、機械工場一四〇〇人、錬鉄工場三〇〇人、鋳造工場四五〇人、製罐工場七〇〇人、船渠工場四五〇人、船具工場四五〇人で、合計六〇〇〇人と定めている。当時の工場の規模とその重要性を推察させる貴重な資料である。

明治二十四年から大正十四年にかけて呉海軍工廠で建造された艦船は、軍艦は対馬を始めとして十一隻、駆逐艦を十三隻、潜水艦は一六号から伊号五五号までの十七隻、それに水雷艇が二八隻と特務艦七隻である。特務艦には、真珠湾攻撃にも使用された航空母艦赤城が含まれている。横須賀・呉は戦艦の、佐世保は巡洋艦、舞鶴は駆逐艦の建艦能力を有していた、と『呉海軍工廠造船部沿革誌』に記されているが、呉ではほとんどすべての艦船が建造されていたことがわかる。

面白いことには、この書には一八九五（明治二十八）年の出火に関して一八ページを割いて被害の詳細が記されており、歴史の記録となっている。失敗を隠さず、後輩に負の遺産も正確に記録に残す姿勢が窺えて興味深い。しかし残念なことには、軍事機密に触れるためか、製造設備に関する記述はほとんどないので、これらに関しては先に千田(c)と堀川の報告と、『呉海軍工廠造船部沿革誌』を参考にした。

呉ドックで戦艦大和が製造されたことは広く知られている。その造船船渠（大和の建造用ドック）は一九九三年に埋め立てられ、跡地は工場として再利用されている。しかし、大和の修理を行った「船渠（ドック）」は現存しており、自衛艦や米軍艦などが現在も使用中である。

広海軍工廠は、第一次世界大戦後の航空兵力の増強を目的に、一九二一（大正十）年に広島県賀茂郡広村（現、呉市）に呉海軍工廠広支廠として開設された。当初は、航空機部、造機部、機関研究部、会計部が置かれた。

大正十二年に広海軍工廠として独立し、総務部、会計部、医務部、航空機部、造機部、機関研究部が置かれた。航空機部と機関研究部は当時、他の海軍工廠には存在していなかった。一九三二（昭和七）年に横須賀鎮守府に海軍航空工廠（後の「海軍航空技術廠」）が設置され、海軍の航空機研究・実験部門を集約していくこととなった。昭和十年には機関研究部が廃止され、昭和十四年に、罐を除く蒸気機関とその材料の実験を担う機関実験部、そして工作機械実験部を新設した。昭和十七年に鋳物実験部を設置した。

航空機部は昭和十六年に独立し、第十一海軍航空廠が設置された。太平洋戦争中も生産は拡大していくが、戦局の悪化に伴い、工場疎開が検討された。しかし疎開は間に合わず、広海軍工廠は米軍機の空襲を受けるようになり、昭和二十年五月五日の集中爆撃により壊滅的な被害を受け、六月二十六日に廃止となり、第十一海軍空廠に吸収された。

第二次世界大戦では呉海軍工廠の中でも造兵部（兵器工場）が集中的に爆撃されたが、不思議なことには造船部門はほとんど爆撃されていない。第二次世界大戦後の一九五一（昭和二十六）年には造船部の土地・設備は播磨造船所とＮＢＣ（米国の海運会社である National Bulk Carriers）が九年契約で借用して開設したＮＢＣ呉造船部が引き継いだ。その後、この工場は呉造船所、石川島播磨重工業呉工場を経て現在はジャパン マリンユナイテッド呉工場となっている。

参考文献

新井晴簡『砲工学校　兵要工藝學教程　第三版　火砲製造の部』、一八九六年四月二十日

飯塚一雄『技術史の旅』日立製作所、一九八五年、一一九頁

石橋藤雄『幕末・開陽丸』光工堂、二〇一三年、二一頁

市村真実『歴史地理学調査報告』一二、二〇〇六年、一一三頁

㈶開陽丸青少年センター『開陽丸』、一九九〇年、四〇頁

菊地勝広編集・執筆／横須賀市自然・人文博物館『すべては製鉄所から始まった—— Made in Japan の原点』、二〇一五年

木村麗『(財) 建材試験センター　建材試験情報』、二〇一一年

久保在久編『大阪砲兵工廠資料集　上巻』日本経済評論社、一九八七年、四一、二三四、二三五頁

呉海軍工廠『呉海軍工廠造船部沿革誌』あき書房、一九八一年

呉市史編さん室『呉市制一〇〇周年記念版　呉の歩み』、二〇〇二年、九、一六四頁

斎藤大吉『金属合金及其加工法　下巻』丸善、一九一三年、一八八頁
斎藤利生『武器史概説』学献社、一九八七年、六七頁
清水憲一「官営八幡製鐵所の創立」『九州国際大学経営経済論集』一七―一、二〇一〇年、一頁
創業百年の長崎造船所『三菱造船株式会社』、一九八七年
竹内昭・佐山二郎『日本の大砲』出版協同社、一九八六年
武田楠雄『維新と科学』岩波新書、一九七二年、八七―九一頁
千田武志(a)「呉鎮守府造船部の建設と活動」『呉市海事歴史科学館研究紀要』第六号、二〇一二年、二四頁
千田武志(b)「海軍の兵器国産化に果たした新造兵廠（兵器製造所）の役割」『呉市海事歴史科学館研究紀要』第四号、二〇一〇年
千田武志(c)「海軍の兵器独立に果たした呉海軍造兵廠の役割」『呉市海事歴史科学館研究紀要』第五号、二〇一一年、二〇頁
津田紘・鈴木延明・石塚哲・栗熊勉「高けい素球状黒鉛鋳鉄の高温特性に及ぼすモリブデン及びバナジウムの影響」『鋳造工学』七四、二〇〇四年、八一五頁
手塚謙蔵譯稿『西洋鐵熕鑄造篇』日本科學古典全書第九巻、三枝博音編纂、一九四二年、朝日新聞社、オランダ・ヒューニゲンの訳本、嘉永三年、一八五〇年頃
『鐵考』大藏大臣官房、明治二十五年四月
『鐵考』復刻版、『明治前期産業発達史資料』別冊第七〇、第四、明治文献資料刊行会、一九七〇年

寺西英之「「陸海軍後部三省伺」と陸軍火砲」『海防史料研究』五年一号六、二〇〇六年、一―二五頁
寺西英之「装箍砲身に関する一考察」『銃砲史研究』三五一号、平成一八年二月、三―一二頁
東京都北区教育委員会『文化財研究紀要別冊第一二集』、一九九八年、五頁
富田仁・西堀昭『横須賀製鉄所の人びと』有隣新書、一九七三年
富田仁・西堀昭『横須賀製鉄所の人びと』有隣堂、一九八三年
中岡哲郎・三宅宏司「大阪砲兵工廠における釜石銑の再精錬」『技術と文明』四巻二号、一九八七年、二一―四三頁
中岡哲郎『近代技術の日本的展開』朝日新聞出版、二〇一三年、一一七頁
長浜つぐお『旧・横須賀鎮守府庁舎&ドライドック』、一九九八年、一九頁
名古屋貢「陸軍砲兵工廠板橋火薬製造所の全容」『板橋区立郷土資料館紀要』第18号、二〇一一年三月
西川武臣『浦賀奉行所』有隣堂、二〇一五年、一四八頁
堀川一男「呉海軍工廠製鋼部の回顧」『鉄と鋼』八〇―一、一九九四年、N二四―N二五頁
三宅宏司『大阪砲兵工廠の研究』思文閣出版、一九九三年、四―一四、四二、一三三―一三四、四三四―四三八頁
宮永孝『幕府オランダ留学生』東京書籍、一九八二年、二二、一八一、二一八頁
宮永孝『ヴェルニーと横須賀造船所』法政大学学術機関リポジトリ〇三〇紀要、一九九八年
村田峰次郎『大村益次郎先生事蹟』東京印刷株式会社、一九一九年、一九三頁
毛利敏彦『幕末維新と佐賀藩』中公新書、二〇〇八年

元綱数道『幕末の蒸気船物語』成山堂書店、二〇〇四年、一九三頁
吉岡学・本間久英『東京学芸大学紀要　第4部門』五三、二〇〇一年、七五頁
陸軍砲工學校『明治二十九年　兵要工藝学教程第三版　大砲製造の部』、一頁、第十一図、十二図、十三図
陸軍砲工學校『明治四十年　工藝學教程　工藝通論』、七三頁
陸軍砲工學校『明治四十年　工藝學教程　兵器製造』、二六頁
J. Watney: *The Industrial Revolution*, PITKIN Guides, 1998, p. 21

8　明治の製鉄――釜石から八幡へ

一　幕末から明治へ

大島高任は一八五七（安政四）年、釜石に木炭高炉を建設した。彼島秀雄や清水憲一によると、オランダから購入したヒューゲニン著の技術書『ロイク王立鉄大砲鋳造所における大砲鋳造法』（一八二六年）を大島高任がみずから翻訳し、それを参考に釜石の鉄鉱石を原料として独自の洋式高炉を創設したという。これが大橋高炉である。翻訳した本の日本語の題名は『大砲鑄造法』として知られており、これまでも本書に幾度か登場している。

大橋高炉は操業十日目に二〇〇貫目、翌日に二五〇貫目の銑鉄を生産した、と岡田廣吉は記述している。図8・1に大橋周治による高炉の見取り図を示す。図では中央部の上に一番高炉が、

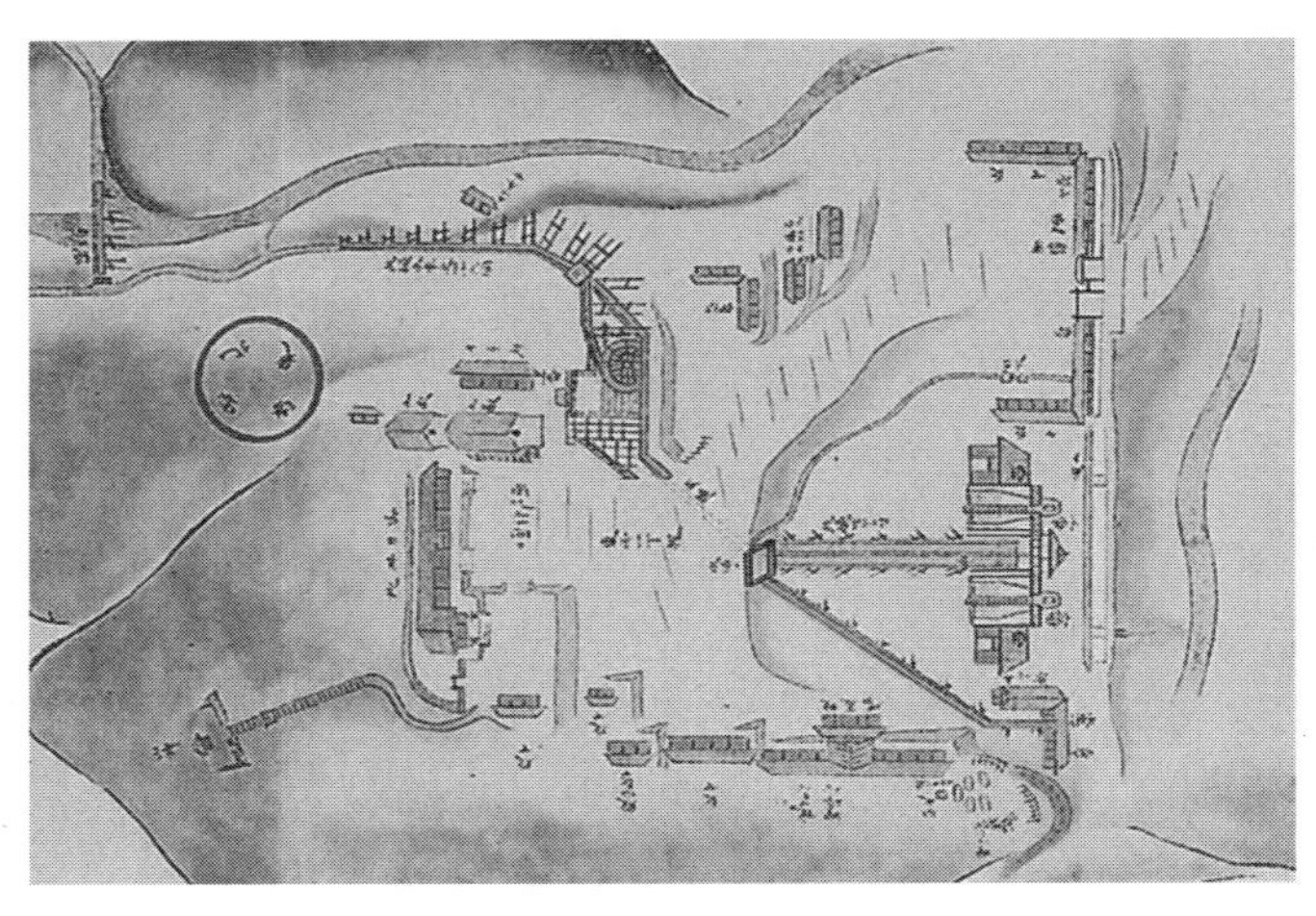

図8·1　釜石大橋高炉の見取り図：一番高炉（上）と三番高炉（右）（大橋）

右下に三番高炉が描かれている。高炉には桟橋が架けられている。大橋はこれと同時に南部家絵巻を示しており、そこには高炉の頂上まで桟橋が架けられていて、この桟橋を鉱石を背負って運ぶ様子や、鉱石と木炭を高炉に投入する様子が描かれている。さらに、高炉の横には鞴用の水車が描かれている。この水車への水は川の水位を橋桁で保ち、水車の上部から水を供給しているのがわかる。これは先に示した図6・4と一致している。

ここで大橋は、砂鉄精錬やタタラが盛んであった南部には、このような作業に慣れた労働者が多数いたことが、高炉操業成功の一つの原因であったろうと推測している。もしも高炉がイギリス式のものであったならば、労働者として働く人たちは、何をどうしてよいかわからず、結局、何も動けなかったに違いないとしている。

面白い考え方である。さらに、この大橋地区の炉はわが国最初の高炉であり、ヒューゲニンの原著にかなり近い形である。しかし、翌年建設の橋野高炉では設計を変更し、日本の在来技術も取り入れて設計されており、合理化の跡が窺える、ともしている。

橋野高炉は一八六〇年に建設され、同年には、銑鉄一万五千貫目（五六・三トン）を南部藩から幕府に献上している。その後、大橋高炉は一八六一（文久元）年には三基に増設された。

このように記述すると順調な滑り出しとみえるが、釜石の高炉は当初銑鉄を水戸藩に送り、水戸の反射炉で鋳鉄製の大砲鋳造に供給する目的で建設された。しかし、幕府による水戸藩主・徳川斉昭の謹慎処分によって、水戸藩の反射炉事業も頓挫し、有力な販売先を失った釜石の製鉄事業も挫折し、明治に入ると官営化される。

この時代のわが国の製鉄技術の近代化の過程について、渡辺ともみが作成した表に筆者が加筆したものを図8・2に示す。明治政府がいかに鉄鋼技術の開発に力を注いだかがわかる。清水憲一によれば、「日本の工業近代化は、「日本がアヘン戦争と黒船来航で、ひしと感じとった欧米の兵器・物質文明への驚嘆にもとづく恐怖と、それに一歩でも近づこうとする懸命な努力」（武田楠雄）から始まった。それは、鉄製の大砲を鋳造し、蒸気軍艦を建造して海防に取り組むことであり、このため洋式製鉄法の導入が切っ掛けとなった」と記述している。まさに、「鉄は国家なり」の格言を明治政府が実行した結果が日本の近代化をもたらした、としている。しかし世界的には、一八八〇年代には「鉄の時代」から「鋼の時代」に転換し、普仏戦争でのクルップ鋼砲の威力がわが国での軍工廠における製鋼事業への取り組みを促した、とも記している。

「鉄は国家なり」の格言はビスマルクによる、とされてきた。**鉄血宰相**の異名を取るビスマルクはドイツ統一の中心人物であり、プロイセン王国首相（一八六二～九〇年）、北ドイツ連邦首相（一八六七～七一年）、ドイツ帝国首相（一八七一～九〇年）を歴任した。一八六二年にビスマルクがプロイセン王国の首相になったとき、「鉄は国家なり」と大ドイツの統一に向けて演説した。「ドイツの問題は言論によっては定まらない。これを解決するのはただ鉄と血だけである」とした演説であった。歴史的にこれを考えると、ドイツのクルップ社が鋳鋼製の大砲の製造に成功したのが一八四三年であり、これを踏まえての演説と考えるのが妥当であろう。

図8・2の工部省とは、明治新政府が工学の知識を広め、各種の工業を勧奨し発展させることを目的に、一八七〇（明治三）年十二月に設置した官庁である。富国殖産のために設置された省で、文明開化省とでもいうべき性格を持っていた。この設立には伊藤博文が最も熱心で、みずから工部大輔、工部卿に就任したことからも、伊藤の力の入れ方がわかる。明治四年八月の官制で、工部省の中に工学、勧工、鉱山、鉄道、土木、灯台、造船、電信、製鉄、製作の十寮と測量司が置かれた。その後、ひんぱんに寮の改廃や統合が行われたが、明治十年一月にそれらが全廃され、新たに書記、会計、倉庫、検査、鉱山、鉄道、灯台、電信、工作、営繕の十局が設置された。

長島修によれば、「釜石鉱山は、工部省が発足した当初から軍器生産の素材供給地として位置づけられ、御雇い外国人ゴットフレーの調査復命によって一八七四年に「官掘場」に指定されたのである。工部省は釜石において高炉操業を行い、そこで生産された銑鉄を、長崎造船所の機械・軍器製造と結びつけようと考えていた」のだという。また、釜石鉱山とは別に、「鉄道鉱山

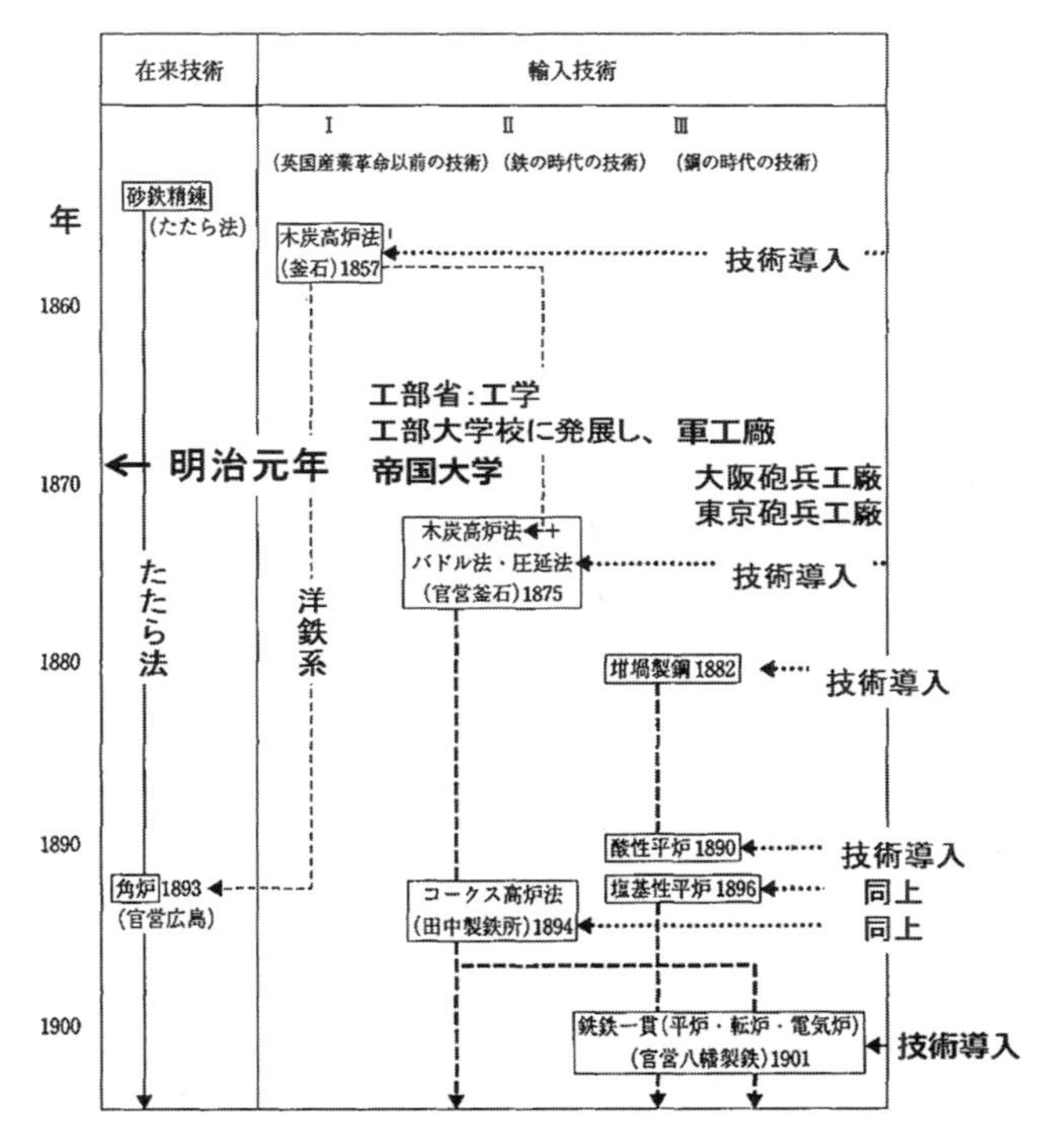

図 8·2　幕末から明治の製鉄技術近代化の過程
（渡辺の表を改訂）

図 8·3　明治 11 年の中小坂鉄山の全景
中小坂村鉄鉱山（宮内庁書陵部提供，群馬県史資料編 24 より）

用機械その他の機械を生産する目的で赤羽製作所（一八七七年赤羽工作分局と改称）を開設し、それと横須賀造船所を結びつけて軍器生産を確保しようとした」。

話を再び銑鉄に戻す。中岡・三宅の論文の中に、輸入銑と同じくねずみ鋳鉄が製造できる範囲に化学成分をコントロールできる技術を持っていたのは、当時、中小坂鉄山だけであったと大阪砲兵工廠が評価していた、との記述がある。しかしながら、図8・2には中小坂に関する記述がないので、以下に紹介しておこう。

中小坂鉄山は、一八七〇（明治三）年から本格的に鉄鉱石を採掘する者が現れ、明治七年に三条家の家令丹羽正庸が英人技師を雇って中小坂に高炉、蒸気機関、熱風炉などを完成させた。ここではスウェーデン人技師の技術指導で、トロッコを用いた水平移動方式により高炉炉頂へ鉄鉱石が運ばれた。鉄鉱石が山の中にあり、地形を有効に生かした手法である。焙焼炉下部のレンガ積は現在でも残っており、この地で実物を見ることができる。中小坂高炉の生産性を調べていた筆者らは、高橋淑郎の報告より、明治七年には一日平均で五・五八トンであったことを明らかにした。図8・3に明治十一年の中小坂鉄山の全景写真を示す。中央右に高炉が、その背後に鉄鉱石を採掘した鉱山が写っている。焙焼炉は高炉の左後方に位置するが、この写真では確認することができない。

原田喬によれば、中小坂鉄山は、わが国最初の蒸気機関による熱風送風での木炭高炉操業を行った製鉄所であった。また、高炉の他に錬鉄炉、裁鉄、鍛鉄、銑鉄鋳造設備も備え、銑鋼一貫作業の形態をとっていた。しかし、採算がとれず人手に渡り、明治九年に由利公正が引き継いだが、輸入製品との価格競争があってやはり採算がとれず、明治十一年に官営となる。

官営製鉄所となった後も、やはり収支は好転しない。操業中に故障を繰り返しながら、一八八一（明治十四）年四月までの一年九ヶ月間の操業日数は合計で二五〇日であった。明治十五年に再び民間所有となり、経営者が何人か交替するも成功せず、明治四十一年に生産中止になる。一九一八（大正七）年に設備はすべて撤去され、昭和十年代に再び鉄鉱石の採掘が行われたものの、第二次世界大戦終結でこれも閉鎖となった。

筆者は中小坂鉄山跡を訪れ、その銑鉄（図8・4）の詳細と化学組成を調査する機会を得た。図には銑鉄の外観写真と、その下段に化学組成を示した。これらの銑鉄（海鼠）の外観から「大

図8·4　中小坂の銑鉄（海鼠）
（下仁田町歴史民俗資料館蔵）
(2.96% C, 0.50% Si, 0.09% Mn, 0.32% P, 0.106% S, 0.01% Cu, 0.007% Ti)

日本」の文字が読み取れる。この文字は陸軍砲工學校の教科書に記載されている銑鉄の模式図に、日本語で示されている文字「大日本中小坂」と一致する。すなわち、これが中小坂の銑鉄であることは疑う余地はないが、製造された年月が不明なのは惜しまれる。

この銑鉄は炭素量もケイ素量も低く、金属組織は白銑であった。銑鉄の金属組織を詳細に調べると、共晶リン化合物とマンガン硫化物の存在を認めた。しかし、先に大阪砲兵工廠が中小坂の銑鉄を称賛していたにもかかわらず、この銑鉄は白銑であることから、中小坂の初期の、操業が安定しない時期に製造されたものと推定できる。

ところで、これまでの記述では、明治時代にはタタラは何の技術開発も行われずに、歴史から静かに消えていったようにみえる。しかし、先に**表6・5**で示したように、一八九二（明治二十五）年頃まではタタラ銑の生産量が高炉銑を上回っていた。少なくとも、タタラは明治時代には生き続けていたのである。**図8・2**の左列のタタラの流れを見ると、下方に「角炉」の文字がある。高炉の普及に危機感をいだいたタタラ業者がタタラを発展させ、その生産性を高めたものが角炉である。すなわち、明治時代になると各種の産業が興り、鉄鋼需要が急激に伸びたため、国内での高炉による鉄鋼生産の増大と同時に、ヨーロッパ産の安い鉄鋼が輸入された。この時代の国産鉄と輸入銑の価格の推移は、黒岩俊郎の報告に基づいて、先に**表6・6**に掲載したとおりである。タタラ銑は和鉄よりも安価であるが、洋銑との価格の差は埋めようもなかった。このような状況で、量産に向かないタタラは存亡の危機を迎えていた。

ここに角炉が登場する。角炉とは、タタラが近代洋式製鉄法に経済性で対抗できず衰退していった明治期、タタラに洋式技術を取り入れて築造された新しい型の炉である。砂鉄を原料にする角炉が初めて導入されたのは、明治二十六年官営広島鉄山落合作業所（布野村）であった。

わが国タタラの代表的な産地であった奥出雲や伯耆のタタラ経営者などの五人が、タタラの危機に対応すべく、一八九九（明治三十二）年に安来港に近い問屋街の一角に「**雲伯鉄鋼合資会社**」を設立し、角炉によるタタラ製品の製造販売を始めた。これが現在の**日立金属安来工場**の発祥になる。島根県にある日刀保（にっとうほ）たたらの敷地内に、**図8・5**に示した日立金属の鳥上木炭銑工場の角炉（国登録有形文化財）がある。この写真は、写真下に示した角炉図面の上部を撮影したものである。この炉は一九二〇（大正七）年から操業を開始し、一九六五（昭和四十）年まで特殊鋼の原材料の生産に使用されていたが、鉄鋼技術の進歩には勝てず、その寿命をまっとうした。ここまでが銑鉄製造に関するわが国古来の技術の限界で、その後はすべてが技術導入した高炉に取って代わられたのである。

このような事情でタタラはわが国から姿を消した。少し正確に記述すると、雲伯鉄鋼合資会社のタタラは一九〇四（明治三十七）年の日露戦争でいったんは息を吹き返しはしたが、その非効

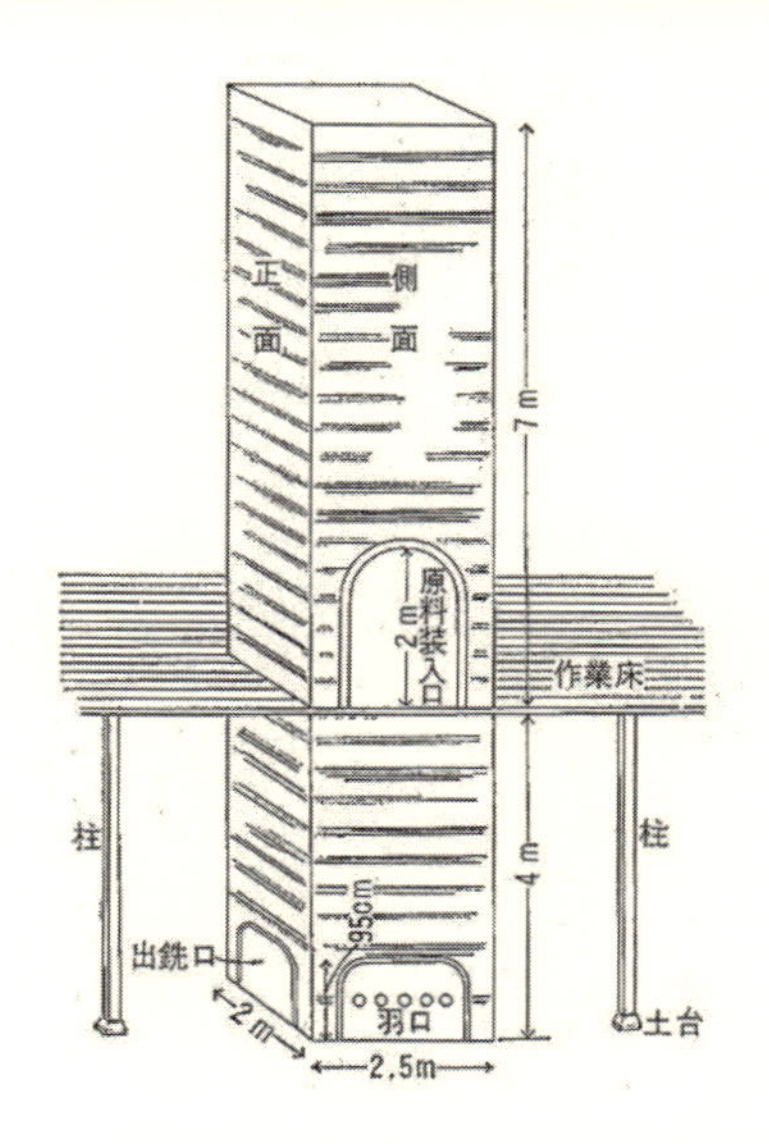

図8·5　日立金属の鳥上木炭銑工場の角炉
（下は大橋による）

率という宿命はいかんともし難く、明治四十二年には閉鎖寸前となる。これが角炉の開発につながった。そして、大正十五年頃に民間企業としてのタタラは絶滅したが、軍事主導の下、日本刀の原料鉄を得る手段として昭和八年に「靖国たたら」として再び復活するが、これも昭和十九年に終焉を迎えた。しかし、日本刀の原料である玉鋼を造ることを目的に、(財)日本美術刀剣保存協会に日立金属が技術協力して、タタラは昭和五十二年に再々度操業が開始された(黒滝哲哉による)。

その後、この炉は現在まで保存・運営され、「日刀保**たたら**」として存続し、毎年冬季に三回の操業を行っている。日本人として誠に喜ばしい次第である。筆者はこのタタラの操業を見学する機会を得た。その時に写した写真を本書のカバー表紙に使用した。三日間の操業を終え、タタラ炉を壊し、その中央に見える鉧を取り出す直前の様子である。

二 釜石製鉄所の誕生

大島高任は一八五七(安政四)年に釜石鉱山製鉄所の大橋高炉(図8・1に示した)で出銑に成功した。大橋高炉は水車動力の箱型鞴(ふいご)を備えており、「当時の高炉は数昼夜継続しては中断され、その間、二週間前後の炉修の後、再び火入れをする操業であった」と大橋周治は推定している。彼島秀雄によれば、この高炉では一日に二トン弱の銑鉄が得られ、銑鉄一トンを生産するのに要

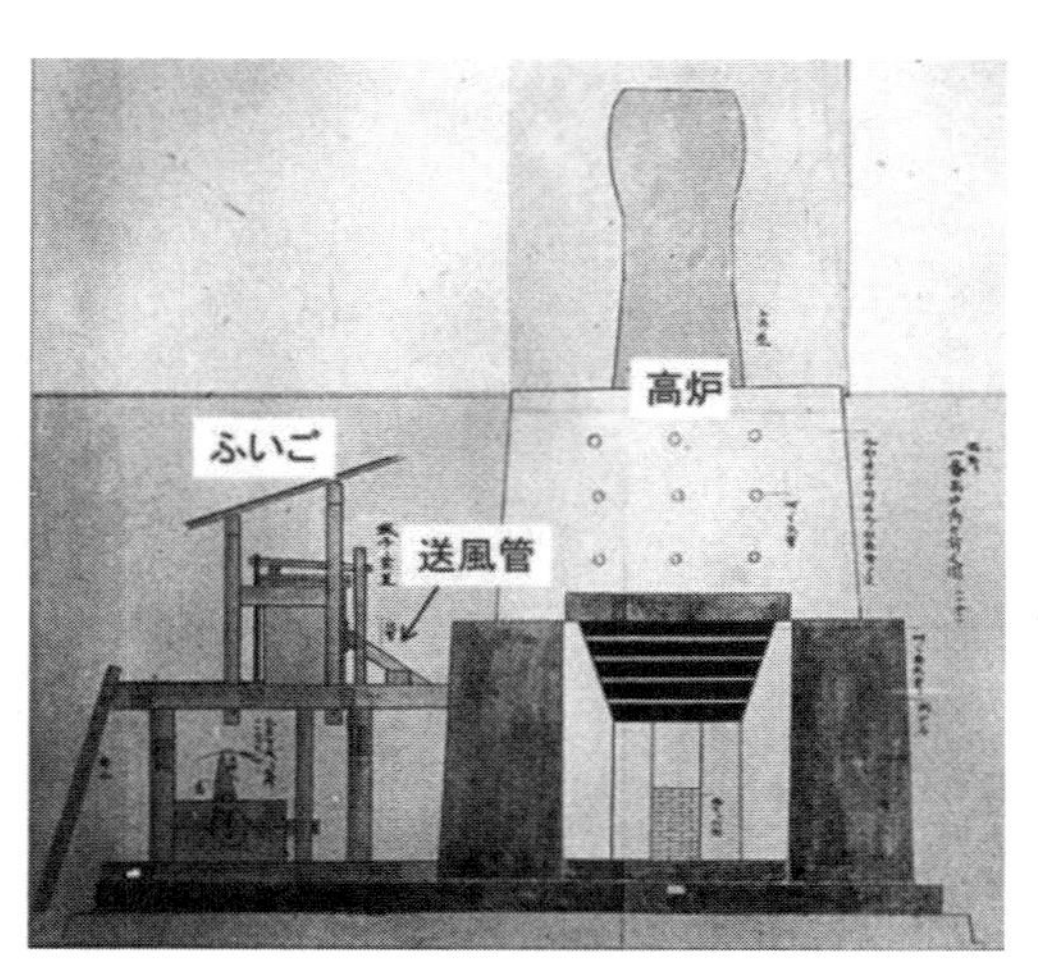

図8·6　釜石・橋野高炉の断面図
（飯田）

した木炭は三トンと言われている。先述したように、大橋高炉は試行錯誤を重ねたが、経営権の譲渡が行われた。これに次いで大島は橋野に洋式高炉（図8・6）を建設する。また、左比内高炉が一八六〇（万延元）年に遠野の商人の出資で建設されている。

すでに図8・2に示したように、明治政府は一八七〇（明治三）年に工部省を設置し、鉱山、鉄道、造船事業を官営とすることを決定した。工部省は釜石の高炉で生産された銑鉄を長崎造船所と結びつけようと考えていたので、明治八年には官営釜石製鉄所の建設に着手した。イギリスの指導の下、図6・5で示した二五トン木炭高炉（一日に銑鉄を二五トン生産できる高炉）二基が完成し、出銑に至る。しかし、木炭の不足とコスト高により、わずか九七日で操業を中止する。明治十五年にはこの炉を再び操業開始するもうまくいかず、明治十六年には釜石における官営事業は廃止され、翌年、田中長兵衛に払い下げられた。

一八八五（明治十八）年に民間人の田中長兵衛と横山久太郎らが二基の小型高炉を新設し、製鉄への挑戦を始めた。これは明治二十年に釜石鉱山田中製鉄所として発足し、同年甲子村大橋にも第三の高炉と分工場を建設し、明治二十五年には七号高炉を建設した。その後、明治二十七年に野呂景義と香村小録を迎え、官営時の大型二五トン木炭高炉修復にかかり、日本初のコークスによる高炉操業に成功、銑鉄の産出に至った。その結果、その後には出銑量が急増大した。コークス高炉による銑鉄の製造にわが国で初めて成功し、ここに近代製鉄業の曙光をみるに至ったというのが、新日本製鉄の社史『炎とともに』の記すところである。この釜石製鉄所は、その後に建設された官営八幡製鉄所の成功に刺激され、小型平炉と圧延機を設置し、一九〇三（明治三十六）年には民間初の一貫製鉄所となる。

コークス高炉の効果を示すものとして、中岡と三宅による釜石銑の化学組成の年代による変化はすでに**表6・1**に示した。この表を見ると、田中製鉄所の時代になって釜石銑の品質は著しく向上しており（ケイ素含有量が一・〇パーセント以上になる）、一八九五（明治二十八）年以降では、ケイ素量の多い銑鉄が安定してできるようになっている。これが燃料の木炭をコークスに替えた効果である。

三　官営八幡製鉄所の誕生

清水憲一によると、一八九四（明治二十七）年の日清戦争勃発後、大型製鉄所建設の必要性が急激に高まり、明治二十九年には製鉄所管制が交付される。そして明治三十年には、明治政府は筑豊炭田を背後に控え、海陸輸送に便利な八幡村に製鉄所を建設することを決定する。明治政府は釜石での失敗の経験を総合的に検討し、コークス高炉を中心とする八幡での官営製鉄所の建設に生かしたのである。

製鉄所の建設にはドイツの技術を導入することが決定され、長官には山内堤雲が、技官には大島高任の息子の大島道太郎が任命された。その後、大島技官は一八九六（明治二十九）年から明治三十年にかけて欧米の調査に赴き、その結果、八幡製鉄所の概要が決められた。さらに同年、ドイツのグーテホフヌング製鉄所に、製鉄作業の習得のため、派遣技手十名（製錬七、機械二、化学一）を見習いとして、二年間派遣した。この中に、後述の八幡製鉄所の技手、山崎久太郎と羽室庸之助もいた。この二人はドイツで鋳鋼の重要性に気付き、鋳鋼の技術を学び、帰国後に鋳鋼に従事することを提言したが受け入れられず、それが住友金属工業の発足へとつながっていく。

図8・7に、建設中の八幡製鉄所の一六〇トン東田一高炉を背景に、伊藤博文ら一行が視察した時の写真を示す。この時の製鉄所の建設予算額は一九二〇万円であり、当時の国家予算は二億

図8·7　建設中の八幡製鉄所高炉を背景にした伊藤博文一行の記念写真
（飯田）

図8·8　創業期の官営八幡製鉄所。右端に高炉が見える
（飯田）

三四六万円であった。すなわち、国家予算の一〇パーセント近くを八幡製鉄所の設立につぎ込んだことになる。これより、八幡製鉄所の建造がいかに大事業であったかを窺い知ることができる。

八幡の高炉はドイツの技術を導入して、一九〇一（明治三十四）年に火入れをし、操業を開始した。これがわが国における「鉄は国家なり」の最大の出来事であろう。その頃の八幡製鉄所の外観を図8・8に示す。彼島秀雄によると、操業当初の東田一高炉では、出銑量は一日平均七六・五トンで、計画の一六〇トンを大きく下回った。この時期には銑鉄一トンを生産するに必要なコークス量は一・九三トンであった。ちなみに、高炉の火入れの五ヶ月後には、出銑量は一日平均で一四四・六トンで、銑鉄一トンを生産するのに必要なコークス量は一・二二トンとなり、所期の目的を達成したとされている。ちなみに現在の高炉では、銑鉄一トンを生産するのに要するコークス量は〇・五トン程度である。いかに製鉄技術が進歩したかがわかる。

八幡製鉄所では鉄鉱石はほとんどを輸入に頼ったが、コークス高炉の操業には鉄鉱石よりも大量の石炭が必要であったことがわかる。コークスの原料は石炭であり、石炭を高温で蒸し焼きにすることで、コークスとガス、タールができる。一般的には、石炭の大半がガスとタールになり、コークスが得られるのは五分の一程度とされている。そこで、コークスを造るにはその五倍の石炭が必要なことがわかる。これが、北九州に高炉の建設を決めた最大の理由とされている。北九州の炭鉱の石炭をコークスの原料としたのであった。

しかしながら、ことはそう簡単にはいかなかった。彼島によると、東田高炉はドイツでも最新銑・最大の熱風炉を備えた高炉であった、と推察されている。操業当初（明治三十四年二月五日）の鉄鉱石は中国から輸入した大冶鉱石五〇パーセントで、国内鉱石五〇パーセント（内訳は岡山棚原鉱石三〇パーセント、釜石鉱石二〇パーセント）であった。石炭は国内産で十分と考えられていたが、国産の石炭から得られたコークスが強度不足だったため、明治四十四年から中国炭の輸入が開始された。

この辺の事情を、彼島の論考に基づいて記述すると、次のようになる。一九〇二（明治三十五）年三月以降は中国鉱石が八〇パーセント以上になった。しかしこの一次操業は絶えず不安定で、目標生産量（日産一六〇トン）を大きく下回った。その原因は「コークスの強度不足と灰分の増加など、コークスの品質」であり、同年七月で生産が中止された。その後、日露戦争の勃発もあり、明治三十七年四月に再び操業を開始したが、わずか十八日で中止を余儀なくされた。

そして明治三十七年七月に東田一高炉は第三回目の火入れがなされ、十二月には所期の目標を達成している。すなわち、一日当たりの出銑量一五〇トン、銑鉄一トン当たりのコークス消費量一・二二トン（現在では〇・五トン）であった。また、高炉の生産性を示す指数に、一トンの銑鉄生産に要した高炉の内容積（一立方メートル）で表す指標がある。この値は操業当初は六・〇であったものが三・三二となり、昭和初期には二・〇になった。現在の高炉ではこの指数は〇・五であり、高炉操業の進歩には驚かされる。

現存する東田高炉を図8・9に示す。高炉上部に一九〇一の数字があり、操業当初の東田一高

図8·9　八幡製鉄所の東田高炉，昭和37（1962）年

図8·10　メキシコ，モントレーの1903年設立の高炉

炉と誤解される。しかし、この高炉は昭和三十七年に東田一高炉の跡地に建設された九〇〇トン高炉であり、右側に建設当時（図8・7）の熱風炉三基と煙突が残されている。この一九〇一の数字は操業当初の高炉であるとの誤解を招くので、問題である。一日も早い訂正を望む。

このように記したのは、筆者がメキシコで一九〇三年製のモントレーの高炉（図8・10）を見る機会を得たからである。メキシコのそれはまさに図8・7の高炉と一致しているので、この形がまさに創業当初の東田一高炉の姿であろう。図8・10の写真は、筆者がモントレーで開催された鋳物の国際会議に出席した時に、高炉の前で晩餐会が催されたので、その時に撮影した写真である。国際学会の晩餐会の会場が一九〇三年製の高炉の前とはたいへん面白い。わが国にはこのような施設はないが、文化遺産に対する国の対応の仕方が大きく異なる点が気になった。

先に記したように、八幡製鉄所はドイツから技術導入し、しかも十人をドイツに派遣して鉄鋼業を習得させ、操業開始に結びつけたものである。それにもかかわらず、多くの苦難に遭遇している。それ以前には、オランダの技術書を日本人だけで翻訳し、これに基づいて反射炉を建設し、釜石では高炉も建設したのだった。これらの操業ではいかに苦労したか、容易に推察できる。

参考文献

飯田賢一『ビジュアル版日本の技術一〇〇年　製鉄金属』筑摩書房、一九八八年
大橋周治『鉄の文明』岩波書店、一九八三年、六九頁
大橋周治『幕末明治製鉄論』アグネ、一九九一年、二七五―二八八、二九五頁
岡田廣吉責任編集『たたらから近代製鉄へ』平凡社、一九九〇年、一九二頁

彼島秀雄「高炉技術の系統化」『国立科学博物館　技術の系統化調査報告』一五―二、二〇一〇年三月、八一、九九―一〇〇頁
久保在久編『大阪砲兵工廠資料集　上』日本経済評論社、一九八七年、二三四頁
黒岩俊郎「日本の製鉄技術史と産業遺産」『専修大学社会科学研究所月報』四九八、二〇〇四年、六頁
黒滝哲哉『美鋼変幻　たたら製鉄と日本人』日刊工業新聞社、二〇一一年
清水憲一「官営八幡製鐵所の創立」『九州国際大学経営経済論集』一七―一、二〇一〇年一〇月、一頁
新日本製鐵『炎とともに　新日本製鐵株式會社十年史』、一九八一年、五―一二頁
高橋淑郎「中小坂製鉄所の官行」『商工政策史　第十七巻　鉄工業』、一九七〇年、二〇頁
武田楠雄『維新と科学』岩波書店、一九七二年、ⅲ頁
中江秀雄・原田喬「中小坂鉄山の銑鉄と鋳鉄鋳物」『鋳造工学』近刊予定
中岡哲郎・三宅宏司「大阪砲兵工廠における釜石銑の再精錬」『技術と文明』四巻二号、一九八八年、二一―四三頁
長島修「官営製鉄所成立前史――官業釜石鉱山廃止以降」『立命館経営学』四二・四、二〇〇三年、二三―三六頁
原田喬「銑鉄の溶解と大砲鋳造」『季刊考古学』一〇九、二〇〇九年、六三頁
藤井茂太『明治四〇年　工藝學教程　工藝通論』、一九〇七年、三五頁
森嘉兵衛・板橋源『近代鉄産業の成立　釜石製鉄所前史』、一九五七年
渡辺ともみ『たたら製鉄の近代史』吉川弘文館、二〇〇六年

9　江戸時代以前に設立された鋳鉄鋳物工場

一　鋳物の歴史

金属材料の最も古い加工法は、鍛造か鋳造と言われている。一般的には、鍛造は金属を溶解しなくていい分だけ鋳造よりも歴史が長いとされてきた。それは、自然金や自然銅、あるいは隕石を用いての鍛造であった。しかし、実用に耐える少し大きな物を鍛造で造るには、その素材は鋳造で造ることとなり、両者共に今から五千年前には存在した最も古い金属加工法、と考えるのが妥当であろう。

鋳物の最大の特徴とは何か。筆者は中子の発明にある、と感じている。それでは、中子とは何か、そしていつ発明されたかから始める。人類の時代は、石器時代から青銅器時代へ、そして鉄

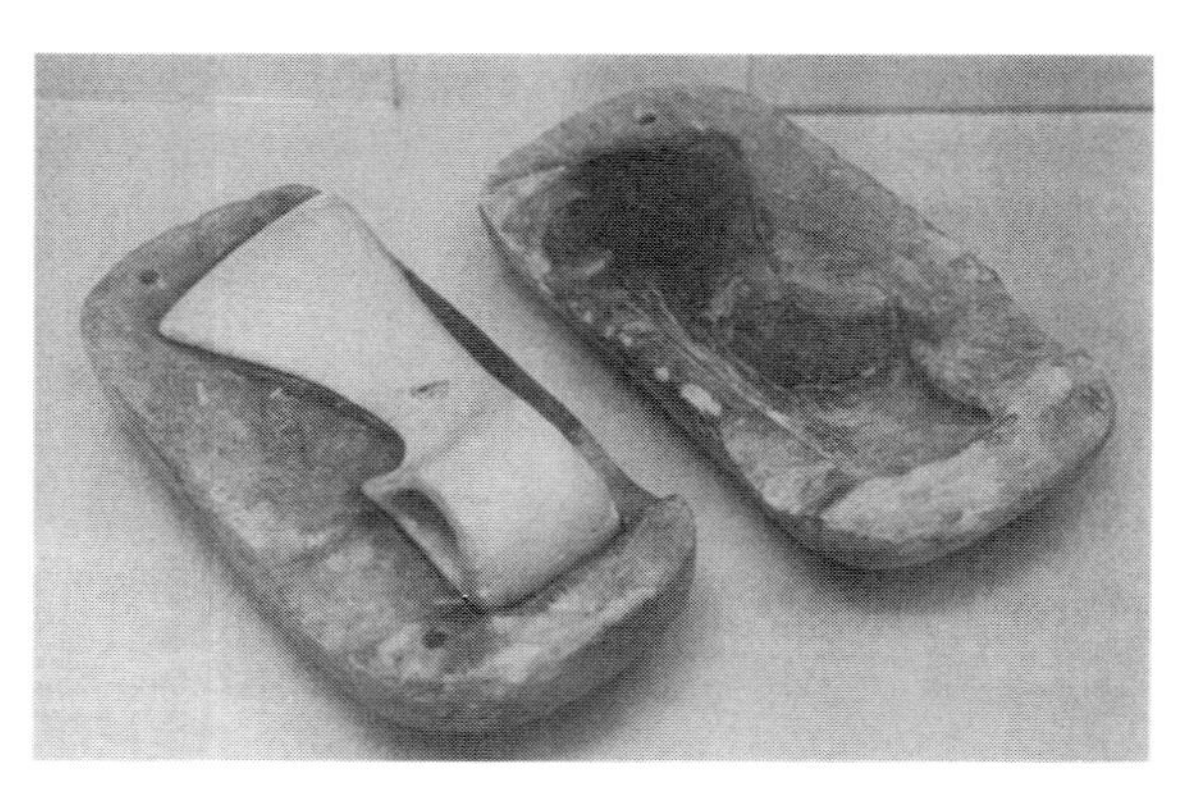

図 9·1　紀元前 13 〜 14 世紀のトルコの斧と鋳型
（アンカラ博物館）

器時代へと移り変わってきた。これまでは、石器の斧や刃物が金属に比べて脆かったので、金属（青銅）器が用いられるようになった、と説明されてきた。青銅器の獲得により、石器時代に比べ、農業生産効率の向上、軍事的優位性の確保が可能となり、それによって社会の大幅な発展と職業の分化、文化レベルの向上がもたらされたと考えられている。

筆者は青銅製斧の最大の利点は柄をすげる孔にあった、と考えている。図9・1にトルコ・アンカラ博物館の鋳物製斧とその鋳型を示す。この斧は中子を用いて柄をすげる孔が開けられている。中子が発明される以前には、斧の孔は機械加工で開けることになるが、当時の技術では相当な時間と費用を要したのであろう。そこで、中子を用いて孔を開けることを思いついたに違いない。これを「必要は発明の母」という。必要に迫られると、あれこれ工夫がなされ発明を生むことから、この格言が生まれたのであろう。

筆者はこれが人類が発明した最初の中子で、この技術が鋳物史上の最大の発明であった、と結論したい。この技術をして、石器から青銅器への転換が加速されたことは疑う余地がない。大砲を鋳造する際に砲孔を作る手法としての中子に関しては、すでに図7・19から図7・22で示した通りである。

鋳物の歴史に関しては、石野亨の『鋳造技術の源流と歴史』と『鋳物五千年の足跡』などがある。前者は日本の鋳物の歴史を記述しており、江戸末期の鋳鉄鋳物や現代の鋳物で締めくくっている。後者は世界の鋳造技術の発祥から端を発し、江戸時代の近代鋳造技術の幕開けを取り扱っている。両者ともに鋳物に関する読み物として、一読の価値ある書である。

堀琢磨によると、江戸時代から現在まで続くわが国の長寿企業には鋳造業が多く、現在でも少なくとも数十社以上の鋳物会社が江戸時代から活動を続けている、としている。これらの企業では、鉄瓶や鍋、釜、鋤、鍬、貨幣、仏像、梵鐘、大砲そして自動車部品等、時代のニーズに応じて製品や素材を変化させ、用途を拡大してきた。なかには、一一八九（文治五）年創業の山形の伊藤鉄工や、一一九〇年頃（建久年間）操業開始した茨城の小田部鋳造、一五六〇（永禄三）年開業の岐阜の岡本などがあるが、これらはほとんどが開業当初は鍋釜や梵鐘を鋳造していた。また、江戸時代以前の鋳物史の詳細に関しては、笹本正治の真継家に関する著書があるので参照いただきたい。

本来ならば、これらの企業すべてをここでは取り上げなければならないのであるが、残念ながら一般の方々には馴染みのない中小企業が大半である。また、紙幅の制約もあり、今回は鋳物に端を発し、現時点で大企業となっている企業を中心に記述することとする。

二　石川島造船所（現在のＩＨＩと、いすゞ自動車、日野自動車）

すでにこれまで何度か述べてきたように、石川島重工業は、一八五三（嘉永六）年に隅田川の河口石川島に幕命により水戸藩主徳川斉昭が開設した、日本初の洋式造船所**石川島造船所**をその出発点としている。しかし、その後に開設された横浜製鉄所がこれに加わり、石川島重工業（現在のＩＨＩ）が誕生する。誕生にあたっての事情は複雑なので、まずは石川島造船所から話を始める。

石川島造船所は洋式軍艦旭日丸、蒸気軍艦千代田形などを建造した幕末の代表的な造船所であった。維新後官営となり、一八六九（明治二）年に石川島に兵部省が設置され石川島主船寮となる。明治五年には海軍省が設置され、石川島主船寮は海軍省の管轄となり、明治九年には機器類を海軍兵器局に移し、この工場は廃止された。それより以前に長崎製鉄所で働いていた平野富二は当時江戸におり、工場が廃止されるや否や、直ちに海軍省に石川島造船所跡の貸与を願い出て、許可を得て石川島平野造船所を設立した。これはわが国の民間造船所の先陣であった。この時の旧造兵所から平野が払い下げを受けた物件は以下の通りである。

錬鉄所	一棟	一二六坪
同所続建	一棟	二八坪
製缶所	一棟	三五坪
同所続	二棟	三一・五坪
鋳造用石炭納屋	一棟	一五坪
同タタラ場	一棟	五坪
右　続		一六坪
物　置		九坪
着到所		九坪
門番所		三坪
土蔵続物置		一六坪
水替ポンプ場外		二・五坪

これにより、造船所の形が出来上がった。さらに、この時期から鋳造工場を有していたことがわかる。

先に図7・2に示した長崎鎔鉄所（後の長崎製鉄所）は、明治元年から井上馨が管理に当たり、幕府時代から奉職していた平野富次郎（後の平野富二）と本木昌造が中心となって工場を運営していた。当時、長崎では艦艇建造も少なかったので、工場維持が困難となり、明治四年には官立工廠の体裁を整えた。長崎製鉄所で働いていた平野は、明治時代になると東京築地で本木の運営する活字製造業で働いていた。石川島の造船工場が閉鎖された時、平野は江戸で活版業を経営しており、直ちに石川島造船所跡の貸与を願い出た。これが前記の明治九年の石川島平野造船の誕生秘話である。ここには人と技術の流れがあったことがわかる。

『創業百年の長崎造船所』によると、明治二年に明治政府が買収した小菅修理場の初代船渠長に、当時弱冠二十四歳の平野富次郎を任命した、とある。『長崎造船所１５０年史』には、一八六一（文久元）年に平野富次郎を長崎製鉄所機関手見習仰付とした、ともある。平野は長崎製鉄所で活躍した人物であった。

先に記述した旭日丸は日本人の手になる最初の洋式軍艦であった。製造には非常な困難を伴ったが、横浜停泊中の米艦の視察や、長崎における造船の見聞、外国人技師の助言などによって克服した。特に、下田で沈没したロシア船ディアナ号の代艦建造のため、石川島から水戸藩士、木工、鍛冶職などの船匠が戸田村へ派遣され、ロシア人指揮のもとにヘダ号の建造に従事した。戸田村で西洋帆船の構造を会得、造船技術を習得したことが大いに役に立った、と『石川島播磨重工業の歩み』に記されている。

そこで、幕府は西洋の工業技術を取り入れるため、一八六五（元治二）年に後述の横須賀製鉄所（造船所）と、先に図7・11で示した横浜製鉄所を造った。製鉄所といえば、今日では鉄鉱石から鉄を造り出す工場を指すが、幕末から明治初期は船の建造や鉄の加工など全般にあたる工場を製鉄所と呼んだ。横浜製鉄所は横須賀製鉄所の分工場として、一八六五（慶応元）年にフランスの支援を受けて幕府が横浜に建設した。横須賀製鉄所建設に必要な機械を製作することを目的に設立されたものである。

（錬鉄工場）	
・3/4 t 蒸気ハンマー	1
・金床	12
・1 t ラジアルクレーン	2
・調帯伝導送風機	1
（製缶工場）	
・3/4 t 可搬ポンチング＆シアリング機	1
・ベンディングローラー（調帯伝導）	1
・　〃　（手動）	1
・ラジアル盤（ラジアルボール盤と思われる）	2
・金床	4
（模型工場）	
・木工用旋盤	2
（鋳物工場）	
・3 t キュポラ	1
・5 t ラジアルクレーン	1
（旋盤工場）	
・大型旋盤（20 フィート）	2
・旋盤（8 ～ 14 フィート）	5
・正面旋盤	1
・平削盤大小	2
・ドリル盤大小	2
・シェービング盤	2
・スロッティング盤	1
・ネジ切盤	2

表9·1　横浜石川島平野造船所から石川島に移転した設備（元綱）

横浜製鉄所は一八六八（明治元）年に新政府に移管され、さらなる改設の必要から一八七一（明治四）年に横浜製作所と名称を変え、その翌年には横浜製造所と変更された。明治十一年に海軍省の所属となるが、翌年、平野富二が同造船所のドック・敷地等を国から借りて、横浜石川島平野造船所として個人創業したのには先に記したとおりである。

しかし、横浜は東京から離れすぎていて不便であるとの理由で、明治十七年に建物、機械設備一式を石川島造船所に移転させ、石川島平野造船所が出来上がった。その時に移転された機械の主なものは表9・1の通りである。

表9・1の一番上にある〇・七五トン蒸気ハンマーに関して、元綱数道は〇・五トンの誤りであると指摘している。これに関しては、横須賀製鉄所の項（第七章三節）で述べた通り、蒸気ハンマー六台が輸入され、これらは〇・五トンハンマー（図7・9）が四基と、六トン、三トンハンマー（図7・10）であったことが明らかにされており、この〇・五トンの蒸気ハンマーが横浜製鉄所で使用されたことが判明している。これは元綱の指摘に一致する。

以上がＩＨＩの機械工場のルーツとなったが、すでに鋳造工場を完備していたことがわかる。その後、渋沢栄一らが出資して一八八九（明治二十二）年に有限責任石川島造船所が設立される。さらに、播磨造船所と一九六〇年に合併して、石川島播磨重工業となる。

東京石川島造船所は日露戦争後の大戦景気に伴う輸出拡大で莫大な利益をあげ、その豊富な資金を何に使うべきか検討した結果、これからは自動車だということで、一九一六（大正五）年に自動車部を設置する。これが後にいすゞ自動車や日野自動車のルーツとなる。

いすゞ自動車の創業は大正五年に東京石川島造船所と東京瓦斯電気工業（東京瓦斯会社、後の東京ガス）の機械部門が分離・独立したものに始まる。当時、日本には未だ自動車技術がなかったので、大正七年に英国ウーズレー社から東洋における自動車の販売権と製造権を買収し、大正十一年に国産最初のウーズレーA九型乗用車を完成させた。一九三四（昭和九）年には商工省標準形式自動車を伊勢神宮の五十鈴川にちなんで「いすゞ」と命名した。これがいすゞ自動車の社名の由来である。

日野自動車も東京瓦斯電気工業を母体としている。一九三〇年代、大型車両生産を強化しようとする国策により、東京瓦斯電気工業株式会社の自動車部と自動車工業株式会社、および共同国産自動車株式会社とが合併し、東京自動車工業を設立した。昭和十七年には東京瓦斯電気工業系の日野製造所が分離独立して、日野重工業として発足した。これが今日の日野自動車となった。

三　長崎熔鐵所（現在の三菱重工、三菱造船）

徳川幕府がペリーの来航を始めとして、諸外国が近海を脅かし開国を迫るに及んで、大船製造禁止令を解き、海防の充実を図らざるを得なくなったことはすでに記した。そこで一八五五（安政二）年、幕府は長崎出島のオランダに、海軍術伝習や艦船の修理場の設立に関して援助を求め、造船所を創設する計画を立てた。この艦船造修工場は長崎溶鉄所（正しくは鎔鉄所）と名付けられた（図7・2）。その建設から操業に至るまでの状況は『創業百年の長崎造船所』に詳しく述べられている。長崎鎔鉄所は一八六〇（万延元）年に上棟式を行い、長崎製鐵所と改称され、一八六一（文久元）年にようやく完成した。

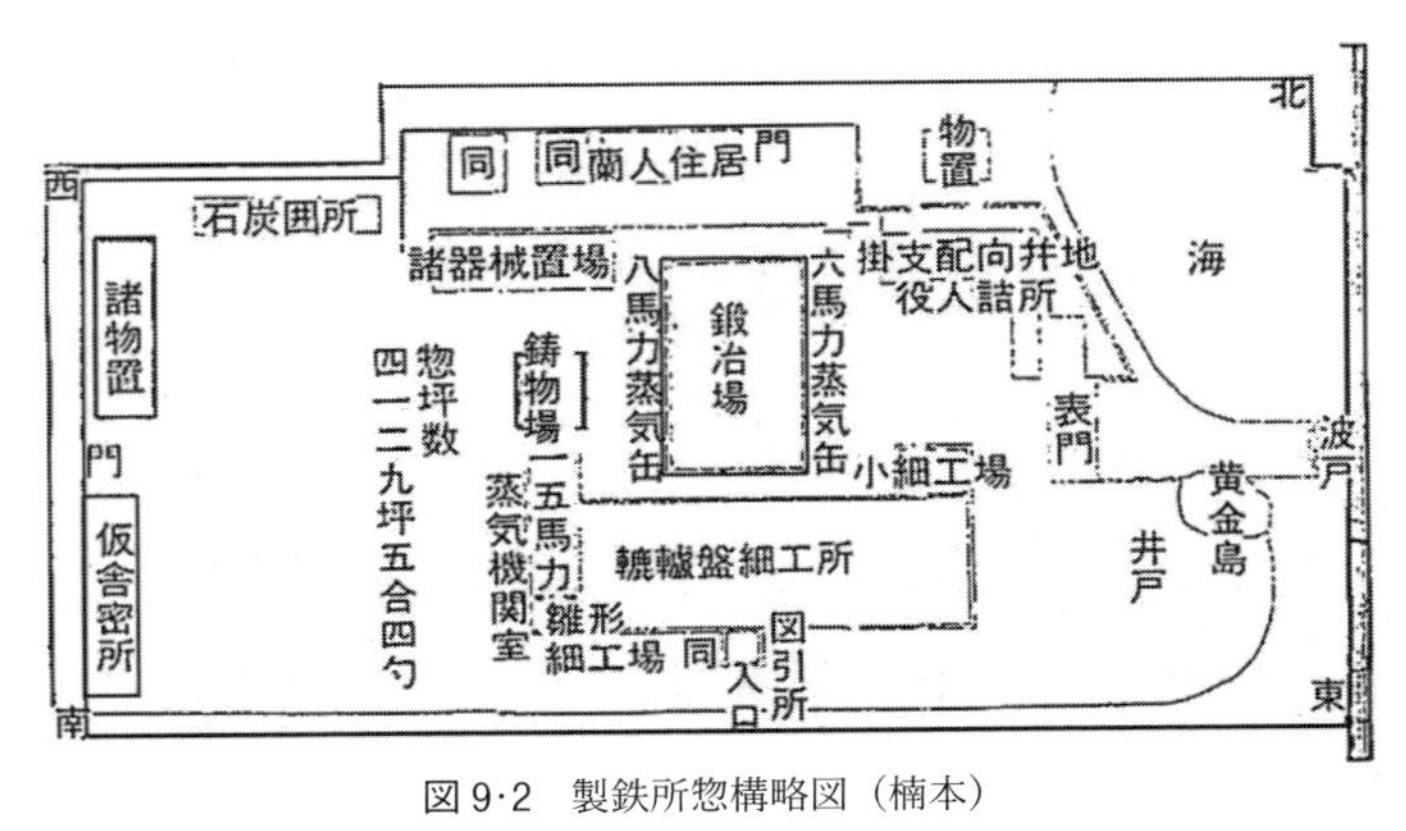

図 9·2　製鉄所惣構略図（楠本）

当時の長崎鎔鉄所の鋳物工場に関して、楠本寿一は図9・2を示している。ここでは、鋳物場は間口一〇メートル、奥行七メートルで、わずか七〇平方メートルであった、としている。これは鍛冶場の三八三平方メートルや轆轤（ろくろ）盤細工所（機械工場のこと）の九八七平方メートルと比べてきわめて貧弱であった。その後、岩瀬道地区に在来方式のタタラ場を設置した、としている。

しかし、『創業百年の長崎造船所』の一二二ページでは、この工場は鍛冶場（四丈七尺八寸、奥行七丈六尺四寸で、六馬力と八馬力の蒸汽罐あり）と轆轤盤細工場からなり、間口十五丈四寸、奥行八丈三尺三で、十五馬力の蒸汽罐があったとされている。鋳物場は鎔鉄場で、工場の外壁に一大鐵爐があり、間口三十三丈、奥行二十四丈からなっているとあり、楠本の述べていることとは一致しない。また、この工場は原動力二十五馬力、溶鉄炉十二基、工作機二十台を備えていた、とある。かなりの大きさの鋳物工場である。両者の記述は大きく異なっているが、筆者は『創業百年の長崎造船所』が正しい、と考えている。

この工場で当時使用していた工作機の代表的なものを図9・3に示す。これは竪削盤で、一八五七（安政四）年にオランダから購入した工作機械十八台のうちの一つであり、彦島造船所で一九四一（昭和十六）年まで使用されていた。現在は重要文化財として三菱重工業長崎造船所史料館に展示されている。

一八六〇（万延元）年の長崎鎔鉄所の写真はすでに示したので、ここでは一八六二（文久二）年頃の飽ノ浦長崎鎔鉄所の写真を図9・4に示す。この建物の背後に鎔鉄場があったとされている。左の建物は轆轤盤細工所で、その右に土蔵三棟、背後に鍛冶場、鋳物場、蘭人住居、諸機械場などがあった。

図9·3　重要文化財
日本最古の工作機械　竪削盤
（三菱史料館）

しかし、この事業はあまり振るわなかった。明治維新までに数隻の船舶の製造と、一八六二（文久二）年の千代田形主機械（横置歯車増減装置付単螺旋二筩不凝式：六十馬力）を製造した。翌年から一八六四（元治元）年までの間には、アームストロング螺道砲の鋳造、薩摩集成館に納めた旋盤、平削盤などの工作機の製作

図9·4　文久2（1862）年頃の飽ノ浦長崎鎔鉄所
（『創業百年の長崎造船所』）

に従事したに過ぎなかった。

一八六八（明治元）年には新政府がこれを没収し、長崎製鉄所に務めていた本木昌造、平野富次郎などが中心になり、これを運営した。しかし、当時は艦船建造の仕事も少なく、橋梁の架設から活版の製造まで行った。そして、政府は明治二年に小菅船渠（薩摩藩の創設で、当時はイギリス人のトーマス・グラバーが所有）を買収し、長崎製鉄所の付属とした。明治四年には工部省の管轄となり、工部省長崎製鉄所、明治五年には工部省長崎製作所、明治十年には工部省長崎工作分局、明治十六年に工部省長崎造船局、そして明治十七年に三菱会社長崎造船所となる。

三菱を語るのに岩崎弥太郎は避けて通れない。当時、政府は一八八〇（明治十三）年頃から「工場払概下則」を布達し、官業であった工場の民間への払い下げを促した。しかし、赤字工場を対象としたこ

図9･5　明治18年頃の三菱会社長崎造船所飽ノ浦機械工場
（『創業百年の長崎造船所』）

ともあり、かつ、払い下げ条件が厳しかったため、払い下げはほとんど行われなかった。そこで、明治十七年にはこの「概下則」を廃止し、払い下げ条件も緩和した。ここに岩崎弥太郎が登場する。

岩崎弥太郎は一八三四（天保五）年に土佐国安芸郡に生まれ、一八六五（慶応元）年には土佐藩長崎商会主任として赴任、外国商人と船舶武器の取引に当たる。そして、一八七一（明治四）年には九十九商会の経営を譲り受けて独立する。これが三菱の創業になる。明治七年には本店を東京に移して三菱蒸気船会社と改称し、翌年には上海との定期航路を開始し、横浜造船機械所をボイド商会と折半の出資で買収し、三菱製鉄所とした。さらに、一八八一（明治十四）年には高島炭鉱を買収する。このような時期に政府から長崎造船局の払い下げを受け、明治十七年に三菱会社長崎造船所を運営することになった。このような経緯を経ての払い下げは、満を持しての準備万端の決断といえる。

明治十八年頃の三菱会社長崎造船所飽ノ浦機械工場を図9・5に示す。ここには、右端に五〇トンクレーンがあり、この機械工場などを新設した結果、次第に企業の形態を整えてきたのである。

参考文献

ＩＨＩ『石川島重工業株式会社１０８年史』、一九六一年
新井源水『東京石川島造船所五十年史』、一九三〇年
石川島播磨重工業『石川島播磨重工業の歩み　世界のＩＨＩ』、一九六九年
石野亨『鋳造　技術の源流と歴史』産業技術センター、一九七七年
石野亨『鋳物五千年の足跡』日本鋳物工業新聞社、一九九四年
楠本寿一『長崎製鉄所』中公新書、一九九二年、五四頁
笹本正治『真継家と近世の鋳物師』思文閣出版、一九九六年
武田楠雄『維新と科学』岩波新書、一九七二年、一一頁
堀琢磨『素形材』五四、二〇一三年四月、七七頁
三菱造船長崎造船所職工課『三菱長崎造船所史』、一九二八年五月、六―一一頁
三菱造船『創業百年の長崎造船所』、一九五七年
三菱重工業『長崎造船所１５０年史』、二〇〇八年
三菱重工業長崎造船所『史料館資料』、二〇一一年九月
元綱数道『幕末の蒸気船物語』成山堂書店、二〇〇四年、一八七頁
元綱数道『横浜製鉄所について』、二〇〇一年三月

10　明治時代に設立された鋳物工場

これまでに、主に江戸時代に設立された鋳物工場と、それらのその後の展開について記してきた。しかし、今日よく知られている企業にはこれら以外にも、明治時代以降に設立された鋳物工場を起点としている大企業が少なくない。そこでこの章では、鋳物業がわが国の企業の発展にいかに寄与したかを明らかにする目的で、以下にいくつかの代表的な例を挙げることにした。

一　池貝鉄工所

池貝庄太郎は田中製造所（東芝の前身）で旋盤の修理改造技術を習得し、一八八九（明治二十二）年に池貝工場（後の池貝鉄工所、現・株式会社池貝）を創業し、同年に国産旋盤第一号機（図10・1）を製作した。この旋盤は日本機械学会の機械遺産第五三号に指定されている。この写

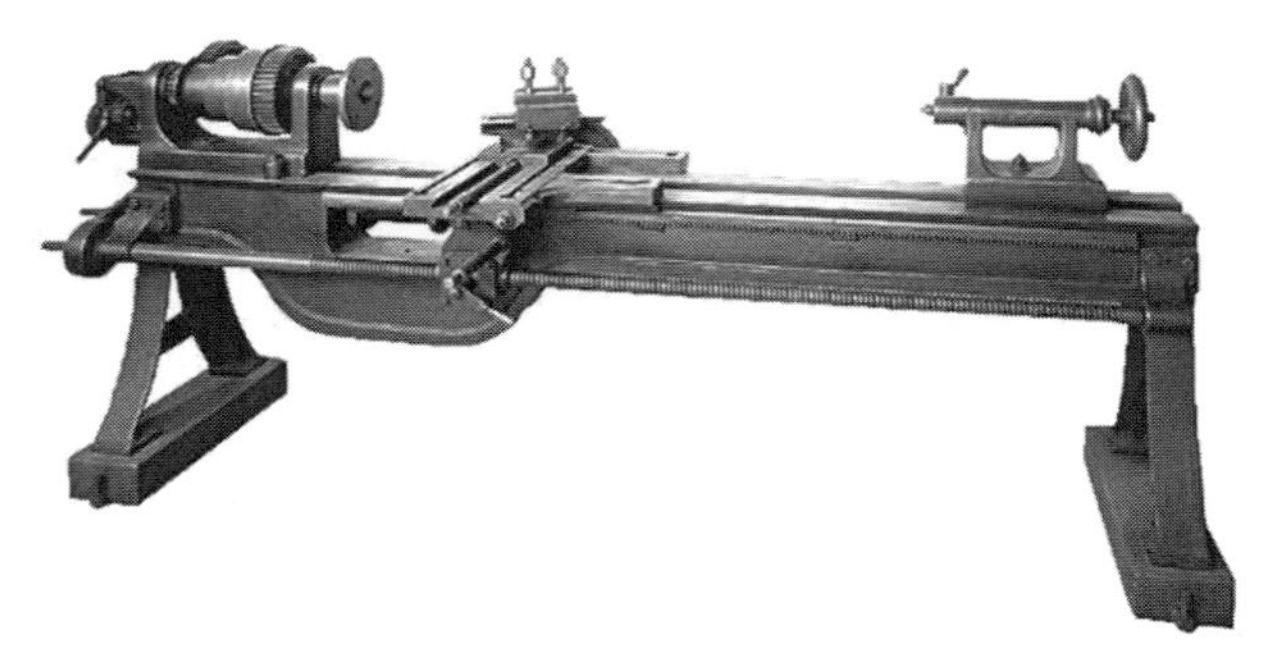

図 10･1　池貝工場の国産 1 号旋盤（1889 年製，国立科学博物館所蔵）
www.jsme.or.jp/kikaiisan/data/no_053.html

真にある通り、旋盤は鋳物の塊といっても過言ではない。そこで、後述するように明治四十五年には鋳物工場が設立された。

当時の旋盤の動力源は主に人力によっており、一八九五（明治二十八）年の日清戦争後でも、原動機（モータ）を使用した旋盤を使用する工場といえば、官営工場以外では芝浦製作所などの大工場だけであった。図10・1の旋盤は、動力としてフライホイールを二人で回した慣性力を用いており、〇・三馬力相当であった、という。現在のモータと比べるとあまりに力不足である。これでは大した切削はできなかったであろう。

わが国での旋盤の製造に関しては、『創業百年の長崎造船所』に、長崎造船所では一八六四（元治元）年までにアームストロング螺道砲の鋳造、あるいは薩摩集成館に納めた旋盤、平削盤などの工作機械の製作に従事した、との記述がある。しかし、残念ながら現物は確認できていない。これに関する記事は、「旋盤、平削盤、ねじ切盤の各一組について長崎捩製鉄所出来方おおせつけられ、もはや成就あい成りおり候」と、『島津斉彬の挑戦』にも記されている。両者の記述が一致していることから、これは事実であろう。しかし同書には、この旋盤は存在が確認されていないことから、この記事は疑問視されているとも記されている。

池貝工場は一八八九（明治二十二）年、庄太郎と弟の喜四郎、それに二人の工員での創業であった。一八九五（明治二十八）年には芝の田町に移転した。その後、明治三十九年に合資会社池貝鉄工所を設立した。そして、明治四十五年十一月に一四四坪の鋳物工場を新設し、発動機部門として池貝鉄工は分離・独立した。これが一九一三（大正二）年には株式会社池貝鉄工所となり、一九一四（大正三）年には四百坪の三田工場を造り、大型鋳物の工場も建設した。そして、大正四年には八尺旋盤五台を英国に輸出し、日本製機械の世界市場への進出を果たした。大正七年に発動機工場内にも鋳物工場を新設し、一九三五（昭和十）年に川口に池貝鉄工所の鋳造部門を移設・拡充して池貝鋳造所を設立した。池貝鉄工所は鋳物を重視した企業であったことがわかる。

二　クボタ

クボタは一八九〇（明治二十三）年に大出権四郎（後の久保田権四郎）が大阪に「大出鋳物」を開業したことに始まる。明治二十七年には「大出鋳造所」（当時の従業員は約十人）と改称、そして明治三十年に「久保田鉄工所」に改称する。明治三十三年には「立込丸吹鋳造方法」を考案し、合わせ目（バリ）のない鋳鉄管を造り出す。権四郎の信念は、「外国人にできることが、日本人にできぬはずはない」であったという。追い付き追い越せの信念であり、いかにわが国の製造業が遅れていたかを如実に物語る言葉でもあると同時に、権四郎の技術開発に関する強い意志が感じ取れる。

大出鋳物は看貫台秤を中心に鋳物を製造していたが、一年半余りで家主から立ち退きを迫られる。工場から発生する炎と埃に隣接する長屋の連中がたまりかねたのであろう、と記されている。そこで隣町に古い鋳物工場の跡を借り受けたが、この工場から出火し、またもや転地を迫られる、等々の苦行の連続であったらしい。そこで、西関谷町での新しい工場建設には、再び立ち退きを迫られないよう、権四郎はこの土地を買い取った。西関谷町では、明治三十七年に図10・2に示す「立吹回転式鋳造装置」を開発し、特許を取得すると同時に、名実ともに鋳鉄管のクボタの基礎を確立した。これらの技術に基づいて、新しい鋳鉄管製造の工場である船出町工場を明治四十一年に設立した。

久保田鉄工所は、一九二三（大正十二）年からは日本で初めて遠心鋳造による鋳鉄管の製造を開始したが、なかなかうまくいかない。そこで、一九三四（昭和九）年になってアメリカから遠心鋳造の特許を買い、満州の鞍山工場で鋳鉄管の鋳造を開始し、昭和十二年には月産六千トンに達した。鋳鉄管の遠心鋳造とは、鋳造機の上で高速回転する、離型材と断熱材でライニングされた円筒形金型の中に溶けた金属を注入し、凝固させる製造法である。遠心力を用いることで、中

図10·2　明治43（1910）年頃の立吹回転式鋳鉄管鋳造装置
（クボタ　ウェブサイト）

子を使用することなく鋳鉄管が製造できるのが特徴である。鞍山での遠心鋳造による鋳鉄管の製造に成功し、次いで北京、天津と新しい工場を中国内に建設するに至った。

一方で、一九一九（大正八）年にはウィリアム・ゴルハム（後に日立金属に移籍した。彼の名は日立金属の社史ではゴーハムと記されている）の造った小型三輪自動車の特許を買い取り、国産自動車の開発に乗り出した。しかし、三輪車の不況でゴルハムは戸畑鋳物（現在の日立金属）に移籍し、「トバタ発動機」の開発に携わった。後にこの技術を源に日産自動車が誕生することになった。

一方、クボタは第一次世界大戦後の不況と、それに続く軍備縮小によって不振を極めた工作機部門のテコ入れが目的で、発動機の開発に乗り出した。そこで、大正十一年には「戸畑鋳物のトバタ発動機」の製造権を戸畑鋳物から買収し、「クボタ発動機」を

図 10·3　東京駅八重洲地下街工事現場のダクデッキ

製造した。この発動機は大正後期に日本市場を二分するまでに成長し、大正末年には神戸製鋼所から焼玉機関の注文を受けた。これがきっかけとなって、新たにディーゼル機関の製造を始めた。鋳物の生産技術を活かし、複雑な形状であるディーゼル機関に取り組んだのである。これが、現在の農機具につながっていった。

クボタはそれまでに積み上げた鋳造技術を応用して、大都市の地下鉄工事が盛んになった一九六二（昭和三十七）年には、工事現場の路面を覆い、大型車両の通行に耐える球状黒鉛鋳鉄製の覆工板を開発した（図10・3）。それまでは木製覆工板であったものを、球状黒鉛鋳鉄製としたのである。これはダクデッキと称され、地下鉄工事に多用されたが、この工法では交通の妨げとなるため、地下鉄の新しい工法であるトンネル工法（シールド工法）が開発されたのに伴って、一九六八（昭和四十三）年にはダクデッキの生産を停止した。

シールド工法とは、巨大モグラのようなトンネル掘削機を用いて地中に孔を掘る工法である。この工法では、地質が悪い箇所では掘った孔の壁が崩壊しやすく工事が難しいので、シールド工法に対応した新しい製品を開発する必要が生じた。これに対応した製品が、図10・4に示したトンネル・セグメントである。地質の悪い箇所にトンネルを掘った場合、このセグメントを周囲に張り巡らすことで、その崩壊を防いだ。

この製品は球状黒鉛鋳鉄の強さを生かした設計で、これによって球状黒鉛鋳鉄の新しい用途が開発された。しかし、大都市圏地下鉄の整備・拡充が進み、新しい地下鉄の建設が大幅に減少したことに加えて、原材料の高騰などでPC（プレストレスト・コンクリート）との価格競争が熾烈になり、生産は二〇〇九年に中止されてしまう。このあたりに製品の寿命に対する社会情勢の変化の影響などを見ることができる。

図10·4　地下鉄工事に使用されたトンネル・セグメント（上）とトンネルの全景（下），昭和40（1965）年（クボタ）

遠心鋳造の技術を活用した新しい鋼鋳物にGコラムがある。GコラムのGは重力を意味し、遠心鋳造を表し、コラムは建築構造用の鋼管柱を指す。Gコラムでは遠心鋳造を用いて鋼製のパイプが製造できるため、肉厚のパイプの製造に適している。そこで、高層ビルや鉄塔などの施工に新局面を拓いた。新幹線の開通時に建設された新大阪駅ではGコラムが活用され、四三四〇トンが使われた。

このように、クボタは鋳物に端を発した企業であったが、二〇一四年度の売上比率では、鋳鉄管が二二%である一方、鋳物を含む素形材はわずか四・五%に過ぎず、売り上げのほとんどは農機具、トラクターを中心とする機械部門が占めるに至った。

三　新潟鉄工所

『新潟鐵工所四十年史』によると、新潟鉄工所の創立目的は「石油事業に関する機械類の製作を主とし、兼ねて裏日本方面に於ける産業開発に資する」とされている。新潟鉄工所の前身は一八九五(明治二十八)年に開設された**日本石油付属新潟鉄工所**(現・JX日鉱日石エネルギー)で、日本石油の関連事業部門として新潟市で石油事業関連の機械の製造を開始した。五四七三坪の土地に三一一坪の木造工場(図10・5)を建設し、初代社長には日本石油創始者の長男・山口達太郎が就任した。しかし、翌年に鋳物工場から出火し、ほぼ全焼した。その時に、工場の従業員は全員が交代で徹夜作業を続け、罹災後二週間にして全面復興をとげた。従業員の意気と努力には誠に驚くべきものがあった、と四十年史に記されている。

図10·5　創業当時の新潟鉄工所
(『新潟鐵工所四十年史』)

この再建鋳物工場は建坪一一一坪で、一時間に二百貫目を溶解できるこしき炉（〇・七五トンキュポラに相当する）一基に過ぎなかったが、翌年には安進丸の機関（エンジン）の鋳物を完成させた。その後、木造五トンクレーンと二・五トンキュポラを増設し、汽船六甲丸の機関の製造に至った。機械やエンジンは鋳鉄鋳物で構成されており、新潟鉄工所も鋳物に端を発した企業であることがわかる。

『四十年史』発刊当時の社長、笹村吉郎の巻頭言によると、「帝国の現状は、軍事の方面に於いても、産業の方面に於いても、鐵工業に俟つ所のもの頗る多く、斯業の盛衰は直ちに國運の隆替に関するものであるを感ぜしめる」とある。これが新潟鉄工所の設立の本意かもしれない。

一九〇五（明治三十八）年には小規模の造船業をも経営した。そして明治四十三年に分離・独立して正式に新潟鉄工所として発足した。『新潟鐵工所七十年史』によると、明治三十一年の「工場縦覧案内書」には、工場は鍛冶、旋盤、鑄造、木型、仕上、製鑵、木工、塗工、挽立の九部で、

図 10·6　ミーハナイトの技術者の新潟鉄工所訪問

職工数はおよそ三百人とある。

当初四百人程度であった従業員数も大正時代には二千人に到達し、かつ注文品の九割以上は県外であったので、一九一七（大正六）年に本社を東京に移転した。一九一九年には国内で初となる産業用ディーゼルエンジンを開発し、出身地である新潟県内に主力工場を展開し、関連会社も含め、造船や鉄道車両、各種産業機械の製造などを行ってきた。

新潟鉄工所は鋳鉄の製造技術に関してはわが国を代表する企業の一つであった。『七十年史』によると、一九五一（昭和二十六）年に斎藤彌平工場長をアメリカに派遣し、アメリカの優れた鋳造技術の視察に当たらせた。そして、昭和二十七年にアメリカの鋳鉄技術を代表するミーハナイトの技術導入を行った。

昭和三十三年にはアメリカのミーハナイト社の技術者を日本に招いて、その技術導入を進めてきた。

この技術がわが国の鋳鉄鋳物の品質向上に大きく役立ったことは公知の事実である。この技術導入に関連してミーハナイト社の技術者アンスパッチ氏が、昭和三十三年に新潟工場を訪問した時の写真を図10・6に示す。前列中央がアンスパッチ氏で、その左が斎藤彌平である。

『七十年史』には、「終戦後いちはやくミーハナイト製法を取り入れ、ことに大形工作機械の製造が盛んになるや、その鋳物工場の規模と技術をよく生かし、他所では至難な単体重量三〇トン以上の大型鋳物をミーハナイト鋳鉄により製造し、均質緻密な仕上面とともに鋳造技術の優秀さで同業他社の注目の的となった」とある。南極探検船宗谷のエンジンも新潟鉄工製である。同社は二〇〇三年に新潟原動機株式会社を設立、新潟鉄工所の事業を承継している。

四　住友金属工業

日本鋳鋼所（住友鋳鋼場の前身で、旧住友金属工業）は一八九九（明治三十二）年に設立された。この設立には面白い経緯がある。明治三十年にドイツへ製鉄技術修得のため派遣された八幡製鉄所の技手、山崎久太郎と羽室庸之助が、鉄ではなく鋳鋼の重要性に着目し、大胆にも鋳鋼技術の研究に従事した。帰国後に農務省大臣あてに鋳鋼に従事させるよう嘆願したが受け入れられず、休職を命じられてしまう。この時、平賀義美博士に支援され、日本鋳鋼所の設立に至った、と同社の『六十年小史』に記されている。

図 10·7　民間最初の平炉
（伝法工場，『住友金属工業六十年小史』）

この工場が伝法工場で、当初は職員八名、工員二四名、三・五トンの小型シーメンス式平炉（図10・7）で明治三十三年に操業を開始し、翌年、住友鋳鋼場となった。この炉はわが国における民間最初の平炉である。明治四十年に島屋工場に移転したが、島屋工場は以前の伝法工場の約三倍の規模であったという。

社史によると、「創業以来の鋳鋼技術は大正時代に入って著しい進境を示した。鋳鋼の生命ともいうべき鋳型材料に関しては、すでに明治四十五年に美濃珪砂を発見し、一九一三（大正二）年には砂型の白味として糖蜜の使用を開始し、大正五年には当工場の鋳造技術は他の追従を許さない水準に到達した」とある。一九一五（昭和十）年には住友金属工業と改め、製鋼所として再発足し、現在は新日本製鉄と合併し、新日鉄住金となっている。このように、住友金属工業も鋳鋼メーカーから総合製鉄企業へと発展していったことがわかる。

五　日本製鋼所

日本製鋼所は一九〇七（明治四十）年に北海道炭礦（たんこう）汽船株式會社と英国アームストロング・ウィトワース社、英国ヴィッカース社の共同出資により、北海道室蘭町に設立された。実際には明治四十二年に操業を開始している。この時の技術提携書を図10・8に示す。北海道炭砿汽船の製鉄所設立の中心は井上角五郎で、彼は福沢諭吉門下の豪胆な政治家あるいは事業家として知られていた。井上は製鉄事業民営化論者で、官業はまったく陸海軍に必要なもののみに限り、他面大いに民業を奨励すべきと考えていた。そこで、八幡製鉄所銑鉄課長の職にあった江藤捨三を招き、砂鉄資源による精錬の研究をさせていた。これが日本製

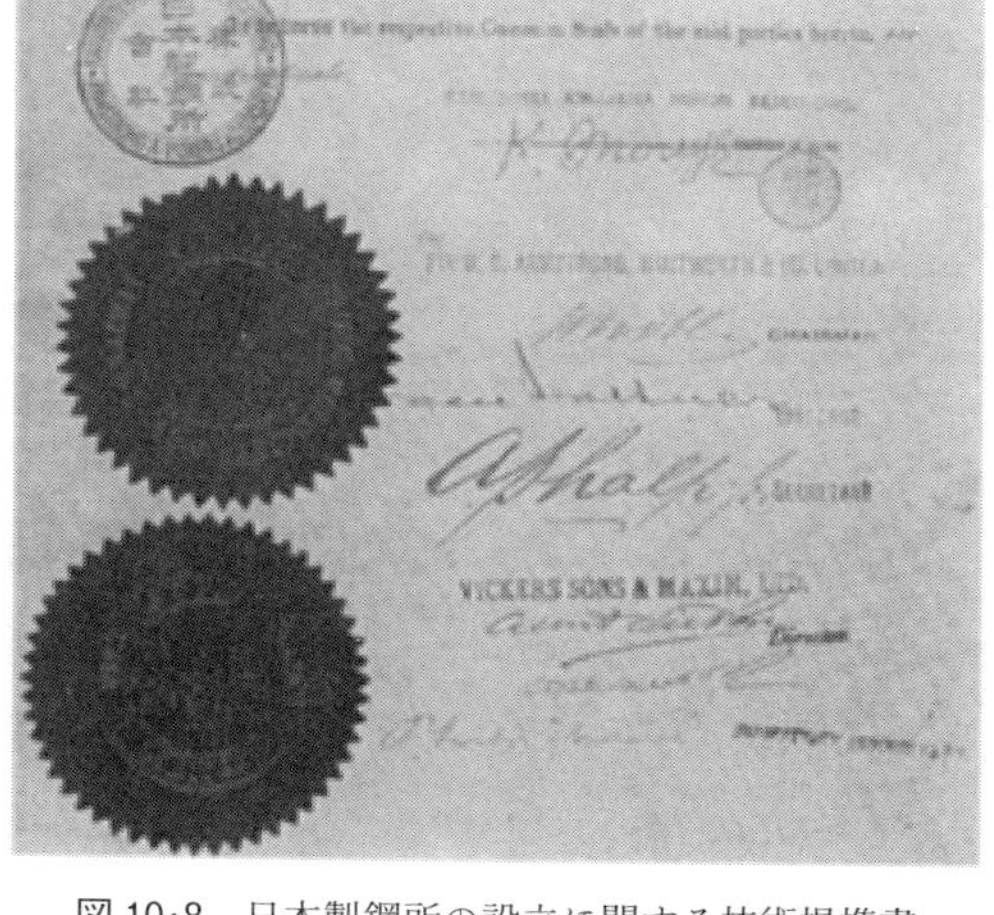
VICKERS SONS & MAXIM, LTD.

図 10·8　日本製鋼所の設立に関する技術提携書
（『日本製鋼所社史資料　上巻』）

図10·9　創業当時の4000トン水圧鍛錬機
（『日本製鋼所百年史』）

鋼所の誕生に結びついた。

日本製鋼所は当時、東洋最大の兵器工場といわれた。これら技術提携先の企業（アームストロング社とヴィッカース社）は、いずれも大砲や武器製造に特化した、世界的に著名な企業であった。この工場には五〇トン高炉、千キロワットの発電所三基、二百キロワットの発電所一基と、図10・9に示した四千トンプレス機が設置されている。もちろん、アームストロング社は大砲で著名な企業であり、四千トンプレス機は鋼を鍛造して大砲を製造するのが目的であった。この証拠として、同社の百年史には、大正初期の戦艦・軍艦用の大砲の写真が示されている。

そして鋳造工場には、鋼の溶解炉としてはシーメンス式の平炉が五〇トン炉二基、二五トン炉四基、五トン炉二基が設置された。このうち、「二五トン炉一基は塩基性炉となせり」、とある。いずれにしても、全体では最大製鋼能力は四三〇トンとなっている。鋳鉄の溶解炉は六トンキュポラ四基で、銅合金の溶解用としてはルツボ炉がある。まさに驚くべき規模であった。そして、明治四十五年には百トンの炭素鋼塊を造っている。

当初は技術者として多くの英国人が働いており、その給料なども『百年史』に詳細に記述されている。同書からは、彼らにいかに高給を支払っていたかがわかり、誠に興味深い。同社は、現在でも鍛鋼を中心に大型構造物の製造に特化した企業で、創業当時の思想が守られて、この分野の世界的な大企業として存続している数少ない例といえる。

六　日立金属

松尾宗次によると、鮎川義介は一八八〇（明治十三）年に山口県で生まれた。母は明治の元勲と呼ばれた井上馨の姉の娘であった。鮎川は高校時代に井上の講演を聞いた。このとき井上は、「日本には政治家が多すぎる。あんな空疎な学問をしてもはじまらない。わしも政治家になったのは間違いだと思っている。君たちは国の富をふやす実業家になりたまえ」と諭し、親類でもあり特に目をかけていた鮎川に、「貴様はエンジニアになれ」と申し渡した。この言葉に従い、鮎川は東京帝国大学機械科に進んだ。

一九〇三（明治三十六）年に東京帝国大学の機械科を卒業した鮎川は、一職工として芝浦製作所（現在の東芝）の現場で作業し、鋳物の重要性を認識した。そこで明治三十八年に単身米国に渡って鋳造工場で工員として働き、鋳造技術の体得に努め、アメリカでの経験を手帳（図10・10）に書き留めた。これを日立金属ではアメリカ手帳と呼んでいる。一年半で鋳造技術を会得できたと感じ、鋳物工場起業準備のため帰国し、この手帳に基づいて明治四十三年に図10・11に示す戸畑鑄物（日立金属の前身）を創立し、わが国で初めて黒心可鍛鋳鉄の製造を開始した。この手帳は現在も鑄物記念館で展示されている。『創立二十五周年記念　戸畑鑄物株式會社要覧』には建設中の戸畑鑄物を井上馨と團琢磨らが訪れた写真が掲載されている。ことほどさように、井上が鮎川に目をかけていたことがわかる。

戸畑鑄物は明治四十五年二月に起業第一期工事を竣工し、四月、初めて黒心可鍛鋳鉄品を製造する。ここに面白い文章がある。それは、「鑄鋼ハ其質強靭ナルモ複雑ナ形状ノモノ、鑄造ハ殆ンド不可能デアル。火作物（鍛造品）ニ至ッテハ鑄鋼以上ノ困難ガアル。之ニ反シテ銑鐵物ハ複雑ナル形状ニ鑄出スルコト困難ナラザルモ、其質甚ダ脆弱ニシテ役ニ立タヌ場合ガ屡々アル。鑄鋼ニ亜グ強サヲ持チ、而カモ複雑ナル形状ニモ鑄造可能ト云ウノガ此可鍛鑄鐵ノ特徴デアル」としている。可鍛鋳鉄の良さを十分に理解しての創業であったことがわかる。

戸畑鑄物は設立から八年間は赤字続きで、一九一四（大正三）年になってやっと黒字に転換し、大正五年から株主に配当を始め、大正八年には当時として最大の黒字六〇万三〇〇〇円を計上した。この辺の事情は同書の鮎川の感想文に次のような記述がある。「創業当時の考えでは参拾萬

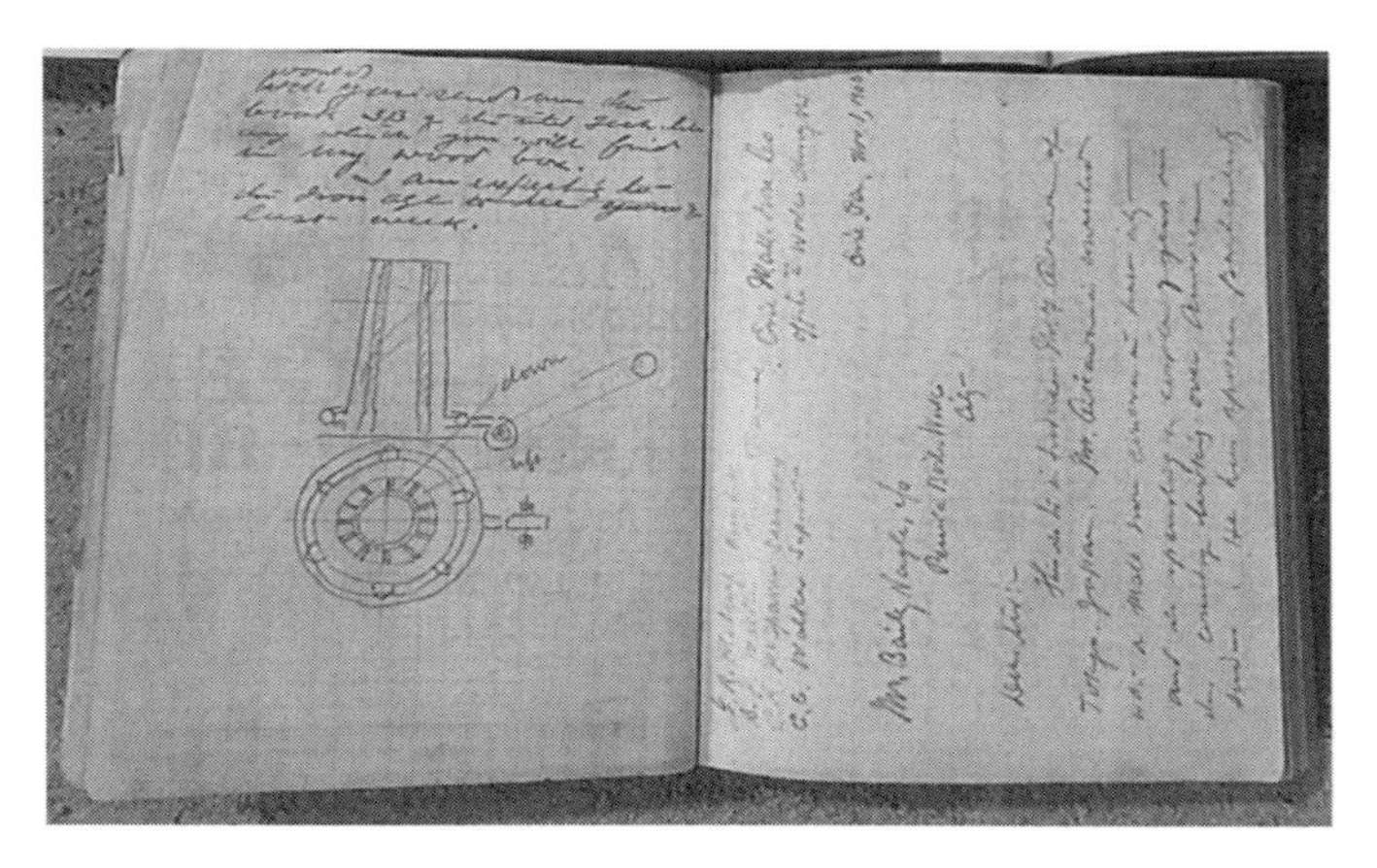

図 10·10　鮎川義介のアメリカ手帳
（日立金属鋳物記念館）

図 10·11　設立当時の戸畑鋳物工場の全景
（日立金属）

圓の資本ならば相当の仕事になる目算であったが、四、五拾萬圓の融資がなければ立ち行かなくなった。その時、銀行も久原房之介も、三井家からも当時の不況からも融資してもらえなかった。困り果てた鮎川は**溺れる者の藁**の思いで藤田家の未亡人に融資を依頼した。故人〔藤田小太郎〕の在世中、鮎川という人は誠意を以って仕事をする信頼の置ける人物である、との小太郎の言葉を思い出し、未亡人は即座に融資を快諾された」と、その経緯が記されている。

創業当時の戸畑鋳物の木型工場は、その一部が現在の鋳物記念館（日立金属九州工場内）として保存されている。この木型工場の建設にはアメリカ・カーネギー社の高価な鋼材が使用されており、この時代にこのような構造用鋼が輸入されていたことがわかり、興味深い。

七　日立製作所

小平浪平は東京帝国大学工科大学電気工学科を一九〇〇（明治三十三）年に卒業すると、秋田の小坂鉱山に就職し、発電所の建設に携わる。そこで発電所建設の魅力に取りつかれ、広島水力電気に転職し、さらに東京電燈（現・東京電力）に移り、駒橋水力発電所の工事に送電主任として携わる。小平は明治三十九年には久原房之助に招かれ、久原鉱業所日立鉱山に入社する。

小平は、久原鉱業日立鉱山では発電所の管理に従事し、工場で使用する電気・機械部品の修理製造部門が日立製作所の前身として明治四十一年頃に誕生した。これが図10・12に掲げた電機修

図10·12　創業小屋
(『日立工場五十年史』)

理工場（創業小屋）である。鉱山業は鉱内作業での機械類の消耗が激しく、その修理が不可欠であり、修理工場を立ち上げる必要があった。この創業小屋は職工五人、四〇坪の掘っ立て小屋であった。この電気機械の製造を事業化したのが日立鉱山工作課課長の小平である。一九一〇（明治四十三）年には一二六七坪の芝内工場を建造し、国産初の五馬力誘導電動機を完成させたことに、日立製作所の原点がある。芝内工場には八〇坪の鋳物工場と六四坪の木型工場が造られた。この年に付属機関として徒弟養成所を設立し、見習工に鋳物、旋盤、電工の実地教育を始めている。

そして、明治四十四年五月に拡張工事が終了し、一五八四坪の第一工場、一二四坪の砲金工場、そして五九九坪の大型鋳物用の工場と、一九四坪の小型鋳物用の工場が完成した。この工場は明治四十四年十二月には久原工業株式会社・日立製作所として分離・独立した。創業時、社長職は空席で、小平は専務取締役であった。

小平は技術者の採用に奔走し、明治四十五年までには自分の配下に東京帝国大学出身の技術者を十名近く集めている。当時の多くの企業が外国人技術者を招いての創業であったのに対して、日本人だけで運営した。これらの人材はいずれも高額を支払っての採用であり、久原鉱業内での小平の立場が強かったことの証拠、と吉田正樹は記述している。また、小平はつとに、「事業の発展は人にあり」とし、有能な人材を採用・育成した。

日立製作所は早くから研究を重視した企業として知られている。一九一四（大正三）年には研究を担当する試作係を置き、大正七年には『日立評論』を発刊した。この雑誌は、国内のメーカーが発行するテクニカル・ジャーナルとしては最も古く、長い歴史を持っている。このように、現在は総合電機メーカーとなっている日立製作所も、その起源は鋳物工場であったことがわかる。

八　豊田自動織機

一八九六（明治二十九）年に、豊田佐吉はついに日本で最初の動力織機である「豊田式木鉄混製動力織機」の発明・実用化に成功した。同社『四十年史』によれば、その結果、大隈重信伯爵からは「発明という仕事は、外国人と知能の戦争をすることである。負けをとらないようにしっかりやってくれ」と激励があり、さらに、従業員に金一封が授与されたという。

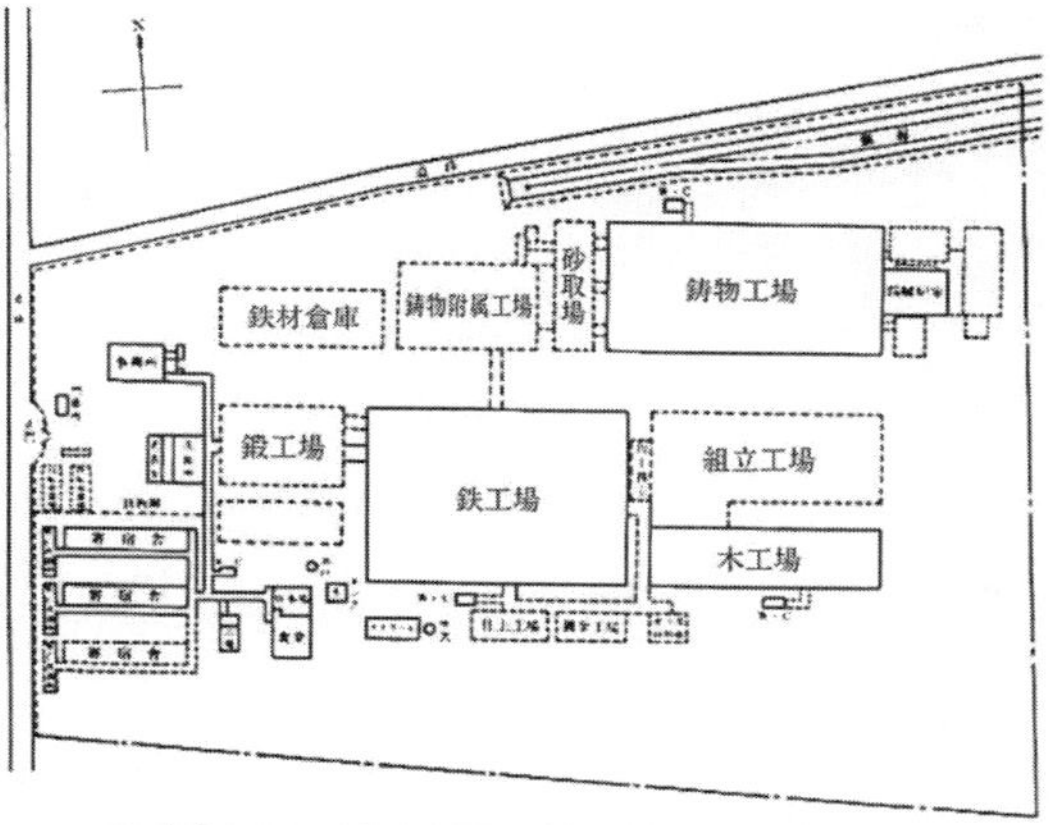

注）実線は大正15年末創立直後の工場、点線は昭和2年9月末現在

図10・13　創立当時の豊田自動織機製作所
（『四十年史』）

一九二五（大正十四）年十一月に第一号自動織機を完成させた。これは世界初で最高性能の完全なる自動織機である。その証拠には、この機械は現在もロンドンの国立科学産業博物館に唯一動態展示されている。これは豊田佐吉が発明し、完成させた織機で、筆者はこの自動織機がロンドンで実際に稼働するのを目にしたことがある。

大正十五年十一月には、自動織機を製造するため、図10・13に示した愛知県刈谷町（現・刈谷市）に豊田自動織機製作所（現・株式会社豊田自動織機）を設立した。前身は一九一一（明治四十四）年に設立された豊田自動織布工場であり、大正七年に設立された豊田紡織である。しかし、この時代には鋳造工場は有していない。それが、豊田自動織機製作所の設立時には、織機本体は大部分が鋳物であることから、鋳造工場を設立していた。この図には実線で大正十五年創立直後の工場が、点線で昭和二年九月末時点での工場が示されている。これより、組立工場に先だってかなりの規模の鋳物工場が真っ先に造られたことがわかる。この製作所を基にトヨタ自動車工業が一九三七（昭和十二）年に誕生した。

九　コマツ

コマツの前身である小松鉄工所の設立は竹内明太郎による。竹内は元首相吉田茂の実兄に当たり、一八八五（明治十八）年以来、佐賀の芳谷炭鉱の経営に携わっていたが、これに英国人技師を招き、最新式の鉱山機械をイギリスより輸入し、設備を一新した。その後、一九〇二（明治三十五）年に石川県小松町の遊泉寺銅鉱山の経営に携わり、大いに業績を上げたが、第一次世界大戦後の不況のためこの鉱山は閉山に至る。

明治三十二年にフランスで開かれた世界博覧会の見学を機に、竹内は一年にわたって欧米を視察し、機械工業の重要性を痛感した。そこで、明治四十一年に芳谷炭鉱唐津鉄工所を開設し、明治四十三年には芳谷炭鉱を三菱合資会社に譲渡、その資金をもって明治四十四年に芳谷炭鉱唐津鉄工所の事業拡大に努め、竹内鉱業株式会社に社名を変更した。

明治四十四年には竹内鉱業に小松鉄工所を付設した。この新鉄工所は地方産業の発展に資する趣旨で石川県能美郡小松町に設立した。小松鉄工所の創立者はもちろん、竹内鉱業社長であった竹内である。小松鉄工所は一九一七（大正六）年に約二百坪の工場を三棟建て、機械工場と鋳物工場、それに鍛造・木型・事務所とした。ここでは自家用の工作機械と鉱山用機械の製造に当たり、当時、これらの機械は外販していない。
鋳物工場には三トンキュポラが据え付けられた。従業員は一二七人であった。竹内は国産機械が欧米に劣るのは鉄鋼の材質が悪いことが原因と悟り、大正七年に特殊鋼の国産化を目指し、特殊鋳鋼製造用の〇・五トンの間接直接式弧光炉（レンナーフエルト炉）を自作し、稼働させ（図10・14）、大正八年には〇・五トンのレンナーフエルト炉を輸入した。しかし、特殊鋼の需要が少なく、主力を鋳鋼の製造に振り向けている。これが今日のコマツキャステックスにつながっている。第一次世界大戦後の不況下で、機械部門は最悪の状態が続いたが、鋳鋼部門は生産量増大の一途をたどったという。

図 10・14　0.5 トンの間接直接式弧光炉
（レンナーフエルト炉）
（『小松製作所五十年の歩み』）

瀧川康雄の回顧録がある。瀧川は大正五年にアメリカ留学生として竹内により小松鉄工所に採用され、帰国後の一九一九（大正八）年に、竹内鉱業小松電気製鋼所技師、九年に鋳鋼主任、十一年に小松の鋳鋼課長から取締役技師長を務めた。一方、小松は大正八年に鋳鋼を始めたが、経験が浅く、工員の訓練もなく、製品も良くなかった。この時期に活躍したのが瀧川である。

大正十三年に諏訪常次郎は小松鉄工所の顧問に就任し、十五年間にわたって鋳鋼の技術指導を行った。諏訪は実地の体験者、現場第一主義で、押湯と湯口の設計に最も留意したとある。小松の鋳鋼技術はそのおかげで向上したので、小松の工場も技術者も大いに感謝すべきである、と同社の『五十年史』に記述されている。その後、諏訪は牟田鋳工で常務鋳鋼工場長に就任した。

大正十年、竹内鉱業の小松鉄工所が分離・独立して小松製作所が誕生した。大正十二年には大阪出張所と東京出張所を開設した。一九三一（昭和六）年には国産第一号の二トントラクターを試作し、昭和七年には図

図10·15　G25トラクター
（『小松製作所五十年の歩み』）

10・15に示したG25トラクターを陸軍に納めた。これが今日のコマツの基礎を築いた。ちなみに、二〇一四年度では総売り上げの九〇パーセントを建設機械・車両が占めている。

竹内は一九〇二（明治三十五）年から自分の会社の社員を海外に留学させて一流の研究者に育てることにした。その一人が先の瀧川である。そして、留学帰りの社員を教員にして私立の工業大学を唐津に建てる計画であった。しかし、唐津では生徒が集まらないことと、早稲田大学から

「工業系学部を設置したいが資金がないので援助してほしい」という依頼があり、早稲田大学理工学部の設立を援助した。この設立には多額の寄付とともに、私費で育成した研究者を教授として早稲田大学に送り込んだ。これは当時の教育界での美談とされたという。ちなみに、現在の早稲田大学理工学部には、これを記念して竹内ラウンジが設けられている。

瀧川によれば、早稲田大学鋳物研究所（現在の材料技術研究所）の設立に、設立最大の功労者であった各務幸一郎の名義で竹内は多額の寄付をしたという。早稲田大学を母校とし、早稲田大学鋳物研究所で育てられた筆者にとっては、忘れることのできない恩人であったことに気付かされた。

参考文献

池貝鉄工所『池貝鉄工所五十年史』池貝鉄工所編、一九四一年
久保田鉄工『久保田鉄工八十年の歩み』、一九七〇年
クボタ『クボタ100年』、一九九〇年
小松製作所社史編纂室『小松製作所五十年の歩み』、一九七一年、一三頁
尚古集成館『島津斉彬の挑戦　集成館事業』春苑堂出版、二〇〇二年、一五六頁
住友金属工業『住友金属工業六十年小史』、一九五七年

ダイヤモンド社『〈ポケット社史〉 池貝鉄工』、一九六九年、九、一〇頁
瀧川康雄『鋳鋼の生涯五十五年の回顧』、一九七五年、私費出版
戸畑鑄物『創立二十五周年記念 戸畑鑄物株式會社要覧』、一九三五年
豊田自動織機製作所社史編集委員会『四十年史』、一九六七年、九三―一〇二頁
新潟鉄工所『新潟鐵工所四十年史』、一九三四年、一頁
新潟鉄工所『新潟鐵工所七十年史』、一九六四年、六一三頁
日本製鋼所『日本製鋼所社史資料 上巻』、一九六八年
日本製鋼所『日本製鋼所百年史』、二〇〇八年
日立金属『日立金属史 工場編』、一九八〇年
日立工場50年史編纂委員会編『日立工場五十年史』、一九六一年
日立製作所社史編纂委員会編『日立製作所史』、一九六〇年
松尾宗次『北九州に生きた人々 ものづくりの心を未来へ』財団法人北九州都市協会、二〇〇六年、三
―三四頁
三菱造船『創業百年の長崎造船所』、一九五七年、一二三頁
吉田正樹『三田商学研究』Vol. 17, No. 4、一九七四年、一二―三二頁

11 おわりに

長年鋳造に携わってきた筆者にとって、大砲との出会いは偶然ではなかった。学会発表を兼ねてのヨーロッパ旅行で、港や山頂に設置された多数の大砲を見るたびに、これらが鋳物で造られてきたことに気付かされた。特に、パリのアンバリッドでの大砲の数の多さに圧倒された。国力の象徴が大砲であったのだ、と認識させられたのである。

それに比べて、わが国では大砲に出会う機会はきわめて少ない。われわれにとっては鉄というと、大砲よりも日本刀か火縄銃のイメージが強すぎるのかもしれない。しかし、大砲を見かけないその原因の一つが、第二次世界大戦時の金属品の強制供出であったことはまちがいない。戦前には靖国神社に多くの大砲が寄贈・展示されていたが、その大半は倉庫に封印されたか、あるいは強制供出されて今はないのであろう。確かに、筆者が生まれ育った東京・両国でも、戦後には立川の鉄橋に橋桁がなく、橋桁が強制供出されていたことを思い出した。

供出は古い大砲から梵鐘、貴金属に至るまで、多くの金属製品が対象となった。貴重な文化遺産が、戦争という非常事態で消失してしまったのである。中国の文化大革命による文化財の紛失も、われわれにとって人ごとではない。

この点に関して『倉吉の鋳物師』には、「倉吉では鍋・釜などの日用製品から、特別注文の鳥居・忠魂碑・梵鐘なども手掛けたが、その多くは戦争によって失われた。鳥居も忠魂碑も今は現存しない」として、それらの写真が掲載されている。この文章からは、歴史的建造物までもが戦争で失われたことへの無念さが汲み取れ、心が痛む。

話は少し横道にそれるが、本書で取り上げた安乗神社の鋳鉄砲は、第二次大戦中に氏子が土中に埋めて供出を免れ、戦後に掘り出したことで現存している、と『中日新聞』が報じている。氏子の機転が貴重な文化遺産を強制供出から守ったといえそうである。同じような話が渋谷の戸栗美術館の鋳鉄製大砲にもある。この大砲も鍋島邸の庭に埋めてあったことから、強制供出を避けるための方策であったと思われる。

同じような話に、筆者が学んだ早稲田大学鋳物研究所の鋳鉄製正門（図11・1）がある。これはかつて早稲田大学の正門であったものを、研究所の設立時の昭和十三年に石川登喜治所長（元海軍造機中将）が時の田中総長から譲り受けてきたものである。現在は、この門では幅が狭く大型車の入校に問題があることから、溶接製の門に取り換えられ、本体は正面玄関前の植え込みの中にひっそりとたたずんでいる。

図 11·1　旧早稲田大学鋳物研究所の鋳鉄製門

図 11·2　早稲田大学鋳物研究所の木製門，昭和 19 年
（江藤祐春氏［写真右］提供）

石川所長はこの門を強制供出から免れさせるため、戦時中は地下室に隠し、図11・2に示した木製の門に取り換えていた。まさに上記の安乗神社や鍋島邸の大砲と同じような話である。元海軍中将であった石川所長が、この門を強制供出から守ったのである。したがって、現在では門のない大学として知られている早稲田大学も、かっては正門があったことを証明する貴重な遺物でもある。

ペリー来航が起点となって、日本は大砲製造と軍艦の輸入、そして輸入船の修理工場の建設を急いだ。これらの工場は必ず鋳造部門を具備しており、そのいくつかは民営化され、現在の三菱重工やＩＨＩの源となった。東京砲兵工廠や大阪砲兵工廠、横須賀製鉄所は当初から軍の施設であった。これらの軍の施設は第二次世界大戦の敗戦でほとんどが消滅し、わずかにその一部が民営化されて生き残っているに過ぎない。

佐賀の反射炉や薩摩の集成館にしても明治維新を乗り切ることができず、廃止に追い込まれている。これらもいわば藩の軍事施設であったが、これらを工廠とするだけの魅力が明治政府になかったのかもしれない。

明治時代に鋳造に関連して設立された企業に関しては第十章で詳細に記述した。これらのほとんどの企業は鋳物に源を発し、その後は製品分野を拡大・変更して現在に至っているものが多い。一方で、創設当時の形態を維持し続けたのは中小企業を除くと、日本製鋼所のみであろう。まさに、一企業三十年説が正しいことを実証しているようにみえる。しかしながら、これらの企業群を起点として、明治日本の産業革命（近代化）が進行したことは疑う余地がない。

筆者は鋳物を専門にしてきたので、金属加工法の歴史的変遷に関しては次のように考えている。奈良の大仏や青銅砲に代表されるように、大きな物、複雑な物は昔は鋳造でしか造れなかった。一方鍛造では、人力による製品の大きさは日本刀や火縄銃程度が限界であった。この範疇を大幅に外れたものに、靖国神社の芝辻砲がある。なぜ、あのような巨大な大砲が鍛造で造られたのか、不思議でならない。その原因の一つは、当時、わが国では鋳造では鉄製の大砲ができなかったことにある。その理由を探る調査が本書の大きなモチーフとなった。

図11·3　戦艦大和の主砲砲弾

巨大な大砲といえば戦艦大和の主砲が著名であるが、その主砲砲弾（図11・3）が西条市の楢本神社にある。この碑によると、この砲弾は全長一・九五メートル、総重量一・四七トン、装薬量三三〇キログラム、最大射程四二キロメートルとある。とてつもなく巨大な砲弾である。また、この砲弾のスカート部には“NG 呉 01/16 1424700”の刻印が読み取れ、この砲弾が呉工廠で昭和十六年一月に製造された不良品、であることが推察できる。ちなみに、大和の主砲は口径四六センチメートル、砲身長さ二一・一三メートル、砲身総重量一六五トンとされている。

このように巨大な大砲を備え、不沈艦とも称されていた大和も武蔵も、さしたる戦果を挙げることもなく撃沈されてしまった。これは、まさに「大砲は国家なり」の時代の終焉ともいうべきできごとであった。この時に、〈巨大戦艦＋巨大砲〉から〈航空機＋爆弾〉へと時代が移り変わっていたのである。そして、現在はミサイルの時代に突入している、と感じている。

一方、わが国の大砲の材質と加工法は、青銅鋳物（例えば、高島秋帆のモルチール砲）から鍜の鍛造（芝辻砲）、鋳鉄鋳物（増田安治郎砲）、鋳鉄と鋼の複合化（大阪砲兵工廠の箍装砲）、そして鋼の鍛造（クルップ砲）へと移り変わってきた。これらの変遷は、金属材料とその加工法の進歩から読み解くことができる。幕末から明治にかけて創業し、現在も存続している多くの長寿命企業が、その業務内容（製品）を時代に即して変えてきたことは、これまでに記した通りである。製品には寿命があり、企業の寿命は社員が決める、と言えそうである。

参考文献

倉吉市教育委員会『倉吉の鋳物師』、一九八六年
『中日新聞』「志摩の文化財「鉄製砲身」なぜ残った」、二〇一二年九月二十五日
中江秀雄「鋳物研究所の正門」『早稲田学報』No. 1191、二〇一二年二月、八八頁

あとがき

筆者はこれまでに数多くの科学技術論文や工学書を著してきた。しかし、この本のような一般書の執筆は初めてであり、出版社探しや、読みやすい文章を書くことで苦労した。また、文献引用の方式も工学書とは大きく異なる。引用文の正しい記述法や、文章を読みやすくする点に関しては出版局の郷間雅俊氏に大変にお世話になった。厚く御礼を申しあげたい。

執筆にあたって参照した文献は、各章末に、五十音順に並べた。なお、出典情報については、図や表のキャプションに記した。また、製鉄に関連する専門的な用語（「ねずみ鋳鉄」や「白鋳鉄」等々）については、第六章で比較的詳しく説明したため、必要に応じてそちらをご参照いただきたい。

図版の転載使用許可をいただいた所蔵者や、各種データを引用させていただいた文献著者各位の名前を以下に記す（五十音順）。板橋区立郷土資料館、岩波書店、倉吉市教育委員会、呉市産業部海事歴史科学館学芸課、群馬県立文書館、恒和出版、ＪＦＥ21世紀財団、筑摩書房、東京大学工学・情報理工学図書館、長崎大学付属図書館、鍋島報效会、日本美術刀剣保存協会刀剣博物館、日立金属、船の科学館、平凡社、三菱経済研究所史料館資料部、三菱重工長崎造船史料館、安来市教育委員会、横須賀市自然・人文博物館、横須賀の文化遺産を考える会、横須賀市衣笠行政センター。これらの関係者各位にお礼を申し上げます。

二〇一六年夏

中江 秀雄

ま 行

や 行

ら 行

わ 行

な 行

は 行

た 行

さ 行

索引

［著 者］
中江秀雄（なかえ・ひでお）

1941年東京は両国に生まれる。両国小学校，両国中学校を経て，早稲田大学高等学院から早稲田大学理工学部に進学。1964年早稲田大学理工学部金属工学科を卒業し，大学院に進む。1970年工学博士，1971年1月日立製作所機械研究所入社。1983年4月早稲田大学理工学部教授，2012年早稲田大学名誉教授。長年，鋳物の研究と教育に従事し，日本鋳造工学会会長などを歴任。近年は鋳鉄製の大砲に魅せられ，趣味でその歴史を読み解いてきた。

著書に『新版 鋳造工学』『濡れ，その基礎とものづくりへの応用』（いずれも産業図書），『結晶成長と凝固』（アグネ承風社），『凝固工学』（アグネ），『状態図と組織』（八千代出版），共著に『材料プロセス工学』（朝倉書店），編著に『新版 鋳鉄の材質――鋳物技術者と機械設計技術者のための』（日本鋳造工学会）など。

大砲からみた幕末・明治
近代化と鋳造技術

2016年9月26日　初版第1刷発行

著　者　中江秀雄
発行所　一般財団法人 法政大学出版局
〒102-0071　東京都千代田区富士見 2-17-1
電話 03（5214）5540　振替 00160-6-95814
組版：HUP　印刷：三和印刷　製本：積信堂

ISBN978-4-588-31402-5